全国高职高专教育土建类专业教学指导委员会规划推荐教材

房 屋 构 造

（供热通风与空调工程技术专业适用）

本教材编审委员会组织编写

丁春静　主　编

王　芳　副主编

赵　研　主　审

中国建筑工业出版社

图书在版编目（CIP）数据

房屋构造/丁春静主编 . —北京：中国建筑工业出版
社，2005

全国高职高专教育土建类专业教学指导委员会规划推
荐教材

ISBN 978-7-112-06920-0

Ⅰ. 房… Ⅱ. 丁… Ⅲ. 建筑构造-高等学校：技术
学校-教材 Ⅳ. TU22

中国版本图书馆 CIP 数据核字（2004）第 138675 号

全国高职高专教育土建类专业教学指导委员会规划推荐教材

房 屋 构 造

（供热通风与空调工程技术专业适用）

本教材编审委员会组织编写

丁春静 主 编

王 芳 副主编

赵 研 主 审

*

中国建筑工业出版社出版、发行（北京西郊百万庄）

各地新华书店、建筑书店经销

廊坊市海涛印刷有限公司印刷

*

开本：787×1092毫米 1/16 印张：8¾ 字数：212千字

2005年2月第一版 2015年4月第五次印刷

定价：**16.00**元

ISBN 978-7-112-06920-0

（20881）

本书是全国高职高专教育土建类专业教学指导委员会规划推荐教材。主要内容有：房屋构造概述，基础与地下室，墙体，楼板层与地坪，屋顶楼梯与电梯，窗与门，建筑工业化简介，工业建筑简介等。

本书可作为供热通风与空调工程技术等建筑设备类专业的教材，也可供相关技术人员参考。

* * *

责任编辑：齐庆梅　朱首明
责任设计：郑秋菊
责任校对：李志瑛　王雪竹

序　言

全国高职高专教育土建类专业教学指导委员会建筑设备类专业指导分委员会（原名高等学校土建学科教学指导委员会高等职业教育专业委员会水暖电类专业指导小组）是建设部受教育部委托，并由建设部聘任和管理的专家机构。其主要工作任务是，研究建筑设备类高职高专教育的专业发展方向、专业设置和教育教学改革，按照以能力为本位的教学指导思想，围绕职业岗位范围、知识结构、能力结构、业务规格和素质要求，组织制定并及时修订各专业培养目标、专业教育标准和专业培养方案；组织编写主干课程的教学大纲，以指导全国高职高专院校规范建筑设备类专业办学，达到专业基本标准要求；研究建筑设备类高职高专教材建设，组织教材编审工作；制定专业教育评估标准，协调配合专业教育评估工作的开展；组织开展教学研究活动，构建理论与实践紧密结合的教学内容体系，构筑"校企合作、产学研结合"的人才培养模式，为我国建设事业的健康发展提供智力支持。

在建设部人事教育司和全国高职高专教育土建类专业教学指导委员会的领导下，2002年以来，全国高职高专教育土建类专业教学指导委员会建筑设备类专业指导分委员会的工作取得了多项成果，编制了建筑设备类高职高专教育指导性专业目录；制定了"供热通风与空调工程技术"、"建筑电气工程技术"、"给水排水工程技术"等专业的教育标准、人才培养方案、主干课程教学大纲、教材编审原则，深入研究了建筑设备类专业人才培养模式。

为适应高职高专教育人才培养模式，使毕业生成为具备本专业必需的文化基础、专业理论知识和专业技能、能胜任建筑设备类专业设计、施工、监理、运行及物业设施管理的高等技术应用性人才，全国高职高专教育土建类专业教学指导委员会建筑设备类专业指导分委员会，在总结近几年高职高专教育教学改革与实践经验的基础上，通过开发新课程，整合原有课程，更新课程内容，构建了新的课程体系，并于2004年启动了"供热通风与空调工程技术"、"建筑电气工程技术"、"给水排水工程技术"三个专业主干课程的教材编写工作。

这套教材的编写坚持贯彻以全面素质为基础，以能力为本位，以实用为主导的指导思想。注意反映国内外最新技术和研究成果，突出高等职业教育的特点，并及时与我国最新技术标准和行业规范相结合，充分体现其先进性、创新性、适用性。它是我国近年来工程技术应用研究和教学工作实践的科学总结，本套教材的使用将会进一步推动建筑设备类专业专业的建设与发展。

"供热通风与空调工程技术"、"建筑电气工程技术"、"给水排水工程技术"三个专业教材的编写工作得到了教育部、建设部相关部门的支持，在全国高职高专教育土建类专业教学指导委员会的领导下，聘请全国高职高专院校专业享有盛誉、多年从事"供热通风与空调工程技术"、"建筑电气工程技术"、"给水排水工程技术"专业教学、科研、设计的副教授以上的专家担任主编和主审，同时吸收工程一线具有丰富实践经验的高级工程师及优秀中青年教师参加编写。可以说，该系列教材的出版凝聚了全国各高职高专院校"供热通风与空调工程技术"、"建筑电气工程技术"、"给水排水工程技术"三个专业同行的心血，也是他们多年来教学工作的结晶和精诚协作的体现。

各门教材的主编和主审在教材编写过程中认真负责，工作严谨，值此教材出版之际，全国高职高专教育土建类专业教学指导委员会建筑设备类专业指导分委员会谨向他们致以崇高的敬意。此外，对大力支持这套教材出版的中国建筑工业出版社表示衷心的感谢，向在编写、审稿、出版过程中给予关心和帮助的单位和同仁致以诚挚的谢意。衷心希望"供热通风与空调工程技术"、"建筑电气工程技术"、"给水排水工程技术"这三个专业教材的面世，能够受到各高职高专院校和从事本专业工程技术人员的欢迎，能够对高职高专教学改革以及高职高专教育的发展起到积极的推动作用。

全国高职高专教育土建类专业教学指导委员会
建筑设备类专业指导分委员会
2004 年 9 月

前　言

　　本教材是根据高等职业教育的特点，依据建筑设备类专业的培养目标和对本课程的要求编写的，并结合本专业的专业特色来确定全书的深度和广度。全书基本理论以够用为度，侧重于建筑物各个组成部分的构造方法，重点加强实用性，知识交待力求简单明了，而且直截了当，一目了然，使全书内容整体协调，形成一个完整的体系，以充分体现专业的适用性。

　　全书共包括九章，参加本书编写的人员：沈阳建筑大学职业技术学院丁春静编写第一、五、六、七章；新疆建设职业技术学院王芳编写第二、三章；宁波高等专科学校郭丽红编写第四、八章；新疆建设职业技术学院李建平编写第九章。

　　全书由丁春静任主编，王芳任副主编，黑龙江建设职业技术学院赵研教授任主审。

　　由于我们水平有限，书中难免会出现缺点错误或不妥之处，敬请读者批评指正，在此深表谢意！

目　录

第一章 房屋构造概述

房屋构造主要是研究房屋的组成、构造形式及各个组成部分的细部构造做法。其主要是根据房屋使用功能的要求，依据建筑材料、建筑结构、建筑施工诸方面因素，采取合理的构造做法。学习和研究房屋构造的基本原理和方法，是建筑设备相关专业所必需的基础知识，将为后续建筑设备专业有关专业课程的学习奠定必要的基础。

第一节 房屋的组成

建筑是一种生产过程，这种生产过程所创造的产品是各种建筑物和构筑物。建筑物通常指用于人们生活、学习、工作、居住以及从事生产和各种文化活动的房屋，那些用于人们生活、学习、工作、居住和各种文化活动的房屋属于民用建筑，用于人们从事生产的房屋属于工业建筑。其中单层工业厂房是典型的工业建筑。间接为人们提供服务的设施称为构筑物，如水塔、水池、支架、烟囱等。

一、民用建筑的基本组成

房屋建筑尽管其使用功能不同、结构不同、所用材料和做法上各有差别，但通常都是由基础、墙或柱、楼地层、楼梯、屋顶和门窗六大部分组成，按各自所处部位的不同而发挥着不同的作用。

1. 基础

基础是位于房屋最下部的承重构件，埋在自然地面以下。起着承受建筑物的全部荷载，并将荷载传给地基的作用。地基就是基础下面承受建筑物全部荷载的土层。基础必须具有足够的强度和稳定性，并能抵御地下水、冰冻等影响因素的侵蚀。

2. 墙或柱

墙体是围成房屋空间的竖向构件，具有承重、围护和水平分隔的作用。它承受由屋顶及各楼层传来的荷载，并将这些荷载传给基础；外墙还用以抵御自然界各种因素对室内的侵袭，内墙用作房间的分隔、隔声。柱是房屋空间的竖向承重构件，并将承担的荷载传给基础。

3. 楼地层

指楼层和地坪层，是水平承重、分隔构件。楼层将房屋从高度方向分隔成若干层，承受着家具、设备、人体荷载及自重，并将这些荷载传给墙或柱。同时楼板支撑在墙体上，对墙体有水平支撑的作用，从而增强了建筑的刚度和稳定性。因此，要求楼板除具有足够的强度和刚度外，还应具有隔声、防潮、防水等性能。地坪层是房屋底层的承重分隔层，将底层的全部荷载传给地基土层。

4. 楼梯

楼梯是多层房屋上下层之间的垂直交通联系设施，其主要作用是供人们上下楼层和紧

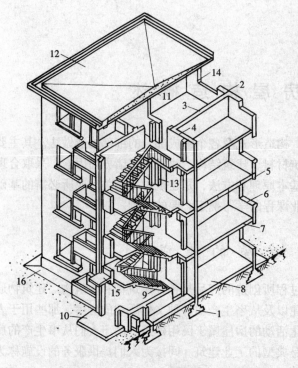

图 1-1　民用建筑的组成

1—基础；2—外墙；3—内横墙；4—内纵墙；5—过梁；6—窗台；
7—楼板；8—地面；9—楼梯；10—台阶；11—屋面板；12—屋面；
13—门；14—窗；15—雨篷；16—散水

急疏散之用。

5. 屋顶

屋顶是房屋顶部的承重和围护构件，主要作用是承重、保温隔热和防水。屋顶承受着房屋顶部的全部荷载，并将这些荷载传递给墙或柱；同时抵御自然界的风、雨、雪等对顶层房间的侵袭。

6. 门窗

门和窗均属非承重的建筑配件。门的主要作用是水平交通、分隔房间，有时兼有采光和通风作用。窗的主要作用是采光和通风，同时还具有分隔和围护的作用。

一般房屋建筑除上述主要组成部分以外，还有一些附属的组成部分，这些附属部分是房屋本身所必需的构配件，为人们使用房屋创造有利条件，如阳台、垃圾道、散水、明沟、台阶、雨篷等。民用建筑的组成如图1-1所示。

二、单层工业厂房的基本组成

1. 屋盖结构

主要有屋面板、屋架（或屋面大梁）、屋盖支撑系统、天窗架及围护结构、托架等。

（1）屋面板　它是屋盖结构的主要承重构件之一，位于屋架（或屋面大梁）上面。

（2）屋架（屋面大梁）　是屋盖结构中重要的水平承重构件。屋面的所有荷载最终通过屋架传递到柱子。屋架不仅是重要的承重构件，而且对提高厂房的整体刚度、稳定性和抗震能力方面都有重要的作用。

（3）屋盖支撑系统　其作用是将整个厂房各构件形成一体，大大提高厂房空间刚度及纵向的联系，使厂房形成一个空间的受力体系，以满足抗震及使用要求。

2. 柱

柱子是厂房结构的主要承重构件，承受屋盖、吊车梁、外墙和支撑传来的荷载，并把它传给基础。

3. 吊车梁

吊车梁搁置在柱子牛腿上，承受吊车自重、吊车最大起重量以及吊车刹车时产生的纵、横向水平冲力，并把它传给柱子。同时吊车梁还具有保证厂房纵向刚度的作用。

4. 基础

承担厂房柱子传来的全部荷载及基础梁传来的墙体重量，并传递给地基。

5. 外墙围护系统

（1）抗风柱　在厂房山墙部位的抗风柱是围护系统的主要构件，外墙的风荷载主要通过抗风柱传给基础和纵向柱列。

（2）连系梁　沿厂房外纵墙一定高度设置的连通墙梁，其作用是提高墙体整体性，加强厂房的纵向联系。

（3）圈梁　沿厂房一定高度的全部外墙、内纵墙及部分横墙设置连续封闭的梁，在设置上应符合构造要求。其作用是使厂房柱连为一体以形成类似的一个框架，使厂房的力学性能大为提高。

（4）基础梁　厂房墙体一般主要起围护作用，墙体砌筑于下部的基础梁上，墙体的重量通过基础梁传入基础或通过柱子传入基础。

6. 柱间支撑

为提高厂房纵向柱列之间的整体性，很好地传递风荷载，一般要在厂房的端部及伸缩缝区段等部位设置柱间支撑。柱间支撑可以分为上柱间支撑和下柱间支撑。

7. 其他

如散水、地沟、坡道、消防及检修梯、吊车梯、内部隔断等。单层厂房的组成如图1-2所示。

三、房屋构造的影响因素和要求

（一）房屋构造的影响因素

影响房屋构造的因素很多，这里从以下几个方面阐述：

1. 外界环境的影响

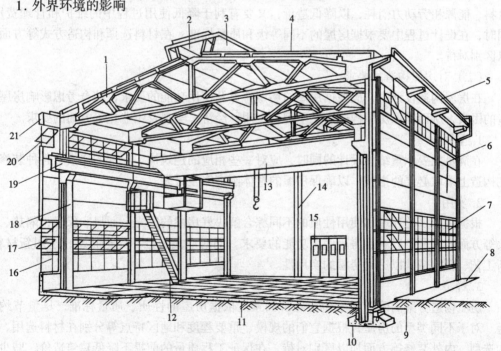

图 1-2　单层工业厂房的构造组成

1—屋架；2—通风屋脊；3—挡板；4—屋面板；5—挑天沟；6—墙板；7—窗；8—散水；9—基础梁；10—基础；11—地坪；12—吊车梯；13—吊车；14—抗风柱；15—大门；16—平开窗；17—中悬低侧窗；18—牛腿柱；19—吊车梁；20—中悬高侧窗；21—封檐板

外界环境的影响主要有以下三个方面：

（1）外力的影响　外力包括人、家具和设备的重量，结构自重，风力、地震力及雪重等，这些统称为荷载。作用在建筑物上的荷载分为恒荷载、活荷载和偶然荷载，如结构自重、永久设备的重量等属于恒荷载；人体的重量、风力、雪重等属于活荷载；地震力、爆炸力等属于偶然荷载。这些荷载的大小和性质是建筑物结构选型、材料使用以及构造设计的重要依据。

（2）自然条件的影响　自然条件包括风吹、日晒、雨淋、积雪、冰冻、地下水等因素，这些因素将给建筑物带来很大的影响。为防止自然条件对建筑物带来破坏，并且能够保证其正常使用，要求在进行房屋构造设计时，尽量采取相应的构造措施加以解决，如：通过采取防潮、防水、隔热、保温、隔蒸汽、防冻胀变形等构造措施来抵抗自然条件的影响。

（3）人为因素的影响　人为因素包括火灾、机械振动、噪声等的影响，在构造处理上需要采用防火、防振动和隔声等相应的措施。

2.技术条件的影响

建筑技术条件是指建筑材料、建筑结构、建筑施工和建筑设备等物质技术。随着建筑事业的发展，新材料、新结构、新的施工方法以及新型设备的不断出现，房屋构造将受这些因素的影响和制约。

3.经济条件的影响

房屋构造设计必须考虑经济效益。在确保工程质量的前提下，既要降低建造过程中的材料、能源和劳动力消耗，以降低造价，又要有利于降低使用过程中的维护和管理费用。同时，在设计过程中要根据房屋的不同等级和质量标准，在材料选择和构造方式等方面予以区别对待。

（二）对房屋构造的要求

在房屋构造设计中，应根据房屋的类型特点及使用功能的要求，综合考虑影响房屋构造的因素，从而确保房屋构造满足坚固、实用、经济、美观及工业化等方面的要求。

1.坚固

在满足主要承重结构设计的同时，应对一些相应的建筑构、配件的连接、各种装修等在构造上采取必要的措施，以确保房屋的整体刚度安全可靠。

2.实用

根据房屋所处环境和使用性质的不同综合解决好房屋的采光、通风、保温、隔热、防火等方面的问题，以满足房屋使用功能的要求。同时应大力推广先进技术，选用新材料、新工艺、新构造，以达到房屋的实用性。

3.经济

房屋构造方案的确定无不包含经济因素。依据房屋的性质、质量标准，尽量节约资金。对于不同类型的房屋，根据它们的规模、重要程度和地区特点等分别在材料选用、结构选型、内外装修等方面加以区别对待，在保证工程质量的前提下降低建筑造价，减少能源消耗。

4.美观

房屋的美观主要是通过其内部空间及外观造型的艺术处理来实现，但它的细部构造处理对房屋整体美观有很大的影响。如内外饰面所用的材料、装饰部件、构造式样等的处理都应与整体协调统一，以达到美观大方的建筑形象。

第二节　建筑的分类及等级划分

一、建筑的分类

（一）按建筑使用功能分类

1. 工业建筑

指为人们提供从事各种工业生产的建筑。如生产车间、辅助车间、动力用房、仓库等建筑。

（1）单层工业厂房　这类厂房主要用于重工业类的生产企业。

（2）多层工业厂房　这类厂房主要用于轻工业类的生产企业。

（3）层次混合的工业厂房　这类厂房主要用于化工工业类的生产企业。

2. 民用建筑

指供人们生活起居和进行各种活动、行政办公、医疗、科研、文化、娱乐及商业、服务等公共事业的建筑，有居住建筑和公共建筑之分。

（1）居住建筑　指供生活起居用的建筑，如住宅、集体宿舍、公寓等。

（2）公共建筑　指进行各种社会活动的建筑。如行政办公、文教、医疗、商业、影剧院、展览、交通、通信、园林等建筑。

3. 农业建筑　指供农、牧业生产和加工用的建筑。如畜禽饲养场、水产品养殖场、农畜产品加工厂、农产品仓库以及农业机械用房等建筑。

（二）按建筑规模和数量分类

1. 大量性建筑

指建筑规模不大，但建造量多、涉及面广的建筑，如住宅、学校、医院、商店、中小型影剧院、中小型工厂等。

2. 大型性建筑

指规模宏大、功能复杂、耗资多、建筑艺术要求较高的建筑，如大型体育馆、航空港、火车站以及大型工厂等。

（三）按建筑层数与高度分类

根据建筑层数与高度分为低层建筑、多层建筑、高层建筑三大类。其中高层建筑又划分为低高层建筑、中高层建筑、高高层建筑和超高层建筑四种类型。

1. 居住建筑

按层数划分为：1～3 层为低层；4～6 层为多层；7～9 层为中高层；10 层及其以上为高层建筑。

2. 公共建筑

公共建筑及综合性建筑总高度超过 24m 时为高层（不包括高度超过 24m 的单层主体建筑）。建筑高度为建筑物从室外地面至女儿墙顶部或檐口高度。

3. 工业建筑

按层数划分为：单层、两层以上高度不超过 24m 时为多层；当层数较多且高度超过

24m 时为高层建筑。

4．高层建筑

（1）低高层建筑　建筑层数在 9～16 层，建筑高度在 24m～50m。

（2）中高层建筑　建筑层数在 17～25 层，建筑高度在 50m～75m。

（3）高高层建筑　建筑层数在 26～40 层，建筑高度在 75m～100m。

（4）超高层建筑　建筑层数为 40 层以上，建筑总高度在 100m 以上。不论居住建筑或公共建筑均为超高层建筑。

（四）按建筑物主要承重结构所用材料分类

1．砖木结构

指以砖墙、木构件作为房屋主要承重骨架的建筑。由于这种结构具有自重轻、抗震性能好、构造简单、施工方便等优点，是我国古代建筑的主要结构类型。

2．砖混结构

指主要承重结构由砖墙、砖柱的竖向承重构件和钢筋混凝土梁、板的水平承重构件组成的混合结构。这是当前建造数量最大、采用最为普遍的结构类型。

3．钢筋混凝土结构

指主要承重构件全部采用钢筋混凝土的建筑。这种结构形式具有坚固耐久、防火等优点，在当今建筑领域中应用很广泛，且具有广阔发展前途。

4．钢结构

指主要承重构件全部采用钢材制作的建筑。这种结构形式具有力学性能好，制作安装方便、自重轻等优点，由于目前我国钢产量有限，钢结构主要应用于大型公共建筑、高层建筑和少量工业建筑中。随着建筑的发展，钢结构的应用将有进一步发展的趋势。

（五）按建筑结构的承重方式分类

1．墙承重式

指承重方式是以墙体承受楼板及屋顶传来的全部荷载的建筑。砖木结构及砖混结构都属于这一类，常用于六层或六层以下的大量性民用建筑，如住宅、办公楼、教学楼、医院等建筑。

2．框架承重式

指承重方式是以柱、梁、板组成的骨架承受全部荷载的建筑。常用于荷载及跨度较大的建筑和高层建筑。这类建筑中，墙体不起承重作用。

3．局部框架承重式

（1）内框架承重式　指承重方式是外部采用砖墙承重，内部用柱、梁、板承重。这种类型常用于内部需要大空间的建筑。

（2）底部框架承重式　指房屋下部为框架结构承重、上部为墙承重结构的建筑。这种类型常用于底层需要大空间而上部为小空间的建筑，如食堂、商店、车库等综合类型的建筑。

4．空间结构

指承重方式是用空间构架，如网架、悬索及薄壳结构来承受全部荷载的建筑。适用于跨度较大的公共建筑，如体育馆、展览馆、火车站、机场等建筑。

（六）按施工方法分类

1．全现浇（现砌）式

房屋的主要承重构件均在现场用手工或机械浇筑（砌筑）而成。

2. 部分现浇（现砌）、部分装配式

房屋的部分构件采用现场浇筑（砌筑），部分构件采用预制厂预制。

3. 装配式

房屋的主要承重构件均采用预制厂预制，然后在施工现场进行组装。

二、房屋建筑的等级划分

房屋建筑等级一般按耐久年限和耐火性能划分。

1. 按耐久年限划分

建筑物的耐久年限主要根据建筑物的重要性和规模大小来划分，作为基建投资、建筑设计和材料选用的重要依据。按建筑耐久年限分为四级，见表 1-1。

按主体结构确定的建筑耐久年限等级

表 1-1

耐久等级	耐久年限	适用建筑物性质
一级	100 年以上	适用于重要的建筑和高层建筑
二级	50~100 年	适用于一般性建筑
三级	25~50 年	适用于次要的建筑
四级	15 年以下	适用于临时性建筑

2. 按耐火性能划分

建筑物的耐火等级主要根据组成房屋构件的燃烧性能和耐火极限两个因素来确定。

构件按燃烧性能分为：非燃烧体、难燃烧体和燃烧体三种。

（1）非燃烧体　指用非燃烧材料制成的构件，即在空气中受到火烧或一般高温作用时不起火、不燃烧、不碳化。如金属材料、钢筋混凝土、混凝土、天然石材、人工石材。

（2）难燃烧体　指用难燃烧材料制成的构件或用燃烧材料制成而用非燃烧材料作保护层的构件。其在空气中受到火烧或一般高温作用时难起火、难燃烧、难碳化。如沥青混凝土等。

（3）燃烧体　指用燃烧材料制成的构件，其在空气中受到火烧或高温作用时立即起火或燃烧。如木材等。

（4）耐火极限　指任一建筑构件按时间与温度标准进行耐火试验，从受到火的作用时起，到失去支持能力或完整性而破坏或失去隔火能力时为止的这段时间。单位是"小时"，用"h"表示。

按耐火性能分为四级，见表 1-2。

建筑物构件的燃烧性能和耐火极限　　　　　　　　　　　　表 1-2

燃烧性能 耐火极限 (h) 构件名称	耐火等级			
	一级	二级	三级	四级
墙 防火墙	非燃烧体 4.00	非燃烧体 4.00	非燃烧体 4.00	
承重墙、楼梯间、电梯井的墙	非燃烧体 3.00	非燃烧体 2.50	非燃烧体 2.50	
非承重外墙、疏散走道两侧的隔墙	非燃烧体 1.00	非燃烧体 1.00	难燃烧体 0.50	难燃烧体 0.25
房间隔墙	非燃烧体 0.75	非燃烧体 0.50	难燃烧体 0.50	难燃烧体 0.25

燃烧性能 耐火极限（h） 构件名称		一级	二级	三级	四级
柱	支承多层的柱	非燃烧体 3.00	非燃烧体 2.50	非燃烧体 2.50	难燃烧体 0.50
	支承单层的柱	非燃烧体 2.50	非燃烧体 2.00	非燃烧体 2.00	燃烧体
梁		非燃烧体 2.00	非燃烧体 1.50	非燃烧体 1.00	难燃烧体 0.50
楼板		非燃烧体 1.50	非燃烧体 1.00	非燃烧体 0.50	难燃烧体 0.25
屋顶承重构件		非燃烧体 1.50	非燃烧体 0.50	燃烧体	燃烧体
疏散楼梯		非燃烧体 1.50	非燃烧体 1.00	非燃烧体 1.00	燃烧体
吊顶（包括吊顶搁栅）		非燃烧体 0.25	难燃烧体 0.25	难燃烧体 0.15	燃烧体

注：以木柱承重且以非燃烧材料作为墙体的建筑物，其耐火等级应按四级确定。

3. 建筑物的工程等级

建筑物的工程等级依据其复杂程度，共分六级，具体内容见表1-3。

建筑物的工程等级 表 1-3

工程等级	工程主要特征	工程范围举例
特级	1. 列为国家重点项目或以国际性活动为主的特高级大型公共建筑； 2. 有全国性历史意义或技术要求复杂的中小型公共建筑； 3.30层以上建筑； 4. 高大空间有声、光等特殊要求的建筑	国宾馆、国家大会堂、国际会议中心、国际贸易中心、体育中心、国际大型航空港、国际综合俱乐部、重要历史纪念建筑、国家级图书馆、博物馆、美术馆、剧院、音乐厅、三级以上人防
一级	1. 高级大型公共建筑； 2. 有地区性历史意义或技术要求复杂的中小型公共建筑； 3.16层以上、29层以下或超过50m高的公共建筑	高级宾馆、旅游宾馆、高级招待所、别墅、省级展览馆、博物馆、图书馆、科学试验研究楼、高级会堂、高级俱乐部、＞300床位医院、疗养院、医疗技术楼、大型门诊楼、大中型体育馆、室内游泳馆、室内滑冰馆、大城市火车站、航运站、候机楼、摄影棚、邮电通讯楼、综合商业大楼、高级餐厅、四级人防、五级平战结合人防等
二级	1. 中高级、大中型公共建筑； 2. 技术要求较高的中小型建筑； 3.16层以上、29层以下住宅	大专院校教学楼、档案楼、礼堂、电影院、部省级机关办公楼、300床位以下（不含300床位）医院、疗养院、地市级图书馆、文化馆、少年宫、俱乐部、排演厅、报告厅、风雨操场、大中城市汽车客运站、中等城市火车站、邮电局、多层综合商场、风味餐厅、高级小住宅等

工程等级	工程主要特征	工程范围举例
三级	1. 中级、中型公共建筑； 2.7层以上（含7层）、15层以下有电梯的住宅或框架结构的建筑	重点中学、中等专业学校、教学楼、试验楼、电教楼、社会旅馆、招待所、浴室、邮电所、门诊所、百货楼、托儿所、幼儿园、综合服务楼、一、二层商场、多层食堂、小型车站等
四级	1. 一般中小型公共建筑； 2.7层以下无电梯的住宅、宿舍及砌体建筑	一般办公楼、中小学教学楼、单层食堂、单层汽车库、消防车库、消防站等
五级	一、二层单功能、一般小跨度结构建筑	同左栏中的建筑

第三节　建筑标准化

一、建筑标准化的含义

实现建筑工业化，其前提是达到建筑标准化。建筑标准化包括两个方面的含义：一方面是建筑设计的标准，包括由国家颁发的建筑法规、建筑规范、定额及有关技术经济指标等；另一方面是建筑的标准设计，包括由国家或地方所编制的标准构、配件图集及整个房屋的标准设计图样等。因此，为了实现建筑的标准化，使不同材料、不同形式和不同构造方法的建筑构、配件具有一定的通用性和互换性，从而使不同房屋各组成部分之间的尺寸统一协调，我国颁布了最新的《建筑模数协调统一标准》以及住宅建筑、厂房建筑等模数协调标准。

二、建筑模数制

建筑模数是选定的标准尺度单位，作为建筑物、建筑构配件、建筑制品以及建筑设备尺寸间相互协调的基础。包括基本模数和导出模数。

1. 基本模数

基本模数是模数协调中选用的最基本的尺寸单位，符号用 M 表示，我国基本模数 1M = 100mm。各种尺寸应是基本模数的倍数。

2. 导出模数

导出模数是基本模数的倍数，分为扩大模数与分模数。

（1）扩大模数　是基本模数的整数倍数，其基数为：

水平扩大模数的基数为 3M、6M、12M、15M、30M、60M，其相应尺寸分别为 300mm、600mm、1200mm、1500mm、3000mm、6000mm。

竖向扩大模数的基数为 3M、6M，其相应尺寸为 300mm、600mm。

（2）分模数　是基本模数的分数倍数，其基数为 M/10、M/5、M/2，相应的尺寸为 10mm、20mm、50mm。

由基本模数、扩大模数、分模数组成一个完整的模数数列的数值系统，称作模数制。模数数列见表 1-4。

模数数列（单位：mm）　　　　　　　　　　表1-4

分类	基本模数	扩 大 模 数						分 模 数		
基数	1M	3M	6M	12M	15M	30M	60M	M/10	M/5	M/2
数值	100	300	600	1200	1500	3000	6000	10	20	50
模数数列	100	300						10		
	200	600	600					20	20	
	300	900						30		
	400	1200	1200	1200				40	40	
	500	1500			1500			50		50
	600	1800	1800					60	60	
	700	2100						70		
	800	2400	2400	2400				80	80	
	900	2700						90		
	1000	3000	3000		3000	3000		100	100	100
	1100	3300						110		
	1200	3600	3600	3600				120	120	
	1300	3900						130		
	1400	4200	4200					140	140	
	1500	4500			4500			150		150
	1600	4800	4800	4800				160	160	
	1700	5100						170		
	1800	5400	5400					180	180	
	1900	5700						190		
	2000	6000	6000	6000	6000	6000	6000	200	200	200
	2100	6300							220	
	2200	6600	6600						240	
	2300	6900								250
	2400	7200	7200	7200					260	
	2500	7500			7500				280	
	2600		7800						300	300
	2700		8400	8400					320	
	2800		9000		9000	9000			340	
	2900		9600	9600						350
	3000				10500				360	
	3100			10800					380	
	3200			12000	12000	12000	12000		400	400
	3300					15000				450
	3400					18000	18000			500
	3500					21000				550
	3600					24000	24000			600
						27000				650
						30000	30000			700
						33000				750
						36000	36000			800
										850
										900
										950
										1000

3. 模数数列的应用

在基本模数数列中，水平基本模数数列的幅度为 1M 至 20M，主要用于门窗洞口和构配件截面；竖向基本模数数列的幅度为 1M 至 36M，主要用于房屋的层高、门窗洞口和构件截面。

在扩大模数数列中，水平扩大模数 3M、6M、12M、15M、30M、60M 的数列主要用于建筑物的开间或柱距、进深或跨度、构配件尺寸和门窗洞口等；竖向扩大模数 3M 主要用于房屋的高度、层高和门窗洞口等。

分模数 M/10、M/5、M/2 的数列，主要用于缝隙、构造节点、构配件截面等。

三、几种尺寸及相互间的关系

为了保证建筑制品、构配件等有关尺寸间的统一与协调，在建筑模数协调中尺寸分为标志尺寸、构造尺寸、实际尺寸和技术尺寸。

1. 标志尺寸

用以标注建筑物定位轴线之间的距离（如跨度、柱距、层高等），以及建筑制品、构配件、有关设备位置界限之间的尺寸。标志尺寸应符合模数数列的规定。

2. 构造尺寸

用以表示建筑制品、建筑构配件等生产的设计尺寸。一般情况下，构造尺寸加上缝隙尺寸等于标志尺寸。

3. 实际尺寸

实际尺寸是建筑制品、建筑构配件等生产制作后的实有尺寸。实际尺寸与构造尺寸之间的差数应为允许偏差。

标志尺寸、构造尺寸和缝隙尺寸之间的关系如图 1-3 所示。

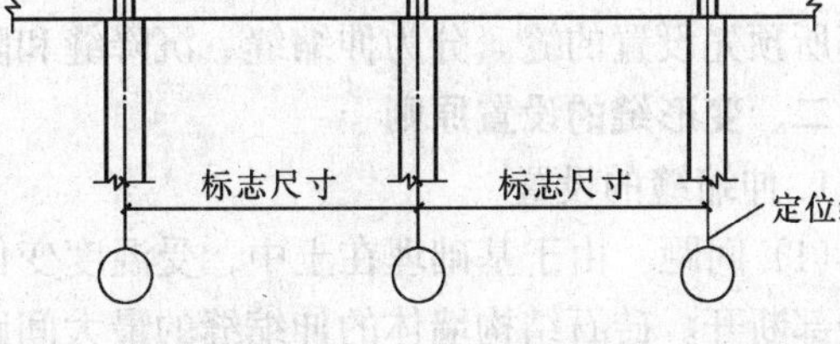

4. 技术尺寸

技术尺寸是建筑功能、工艺技术和结构条件在经济上处于最优状态下所允许采用的最小尺寸数值（通常是指建筑构件的截面或厚度）。

图 1-3　标志尺寸、构造尺寸的关系

四、常用建筑名词

（1）建筑物　直接为人们生活、生产服务的房屋。

（2）构筑物　间接为人们生活、生产服务的设施。

（3）建筑红线　规划部门批给建设单位的占地面积，一般用红笔圈在图纸上，具有法律效力。

（4）地坪　指自然地面。

（5）横向　建筑物的宽度方向。

（6）纵向　建筑物的长度方向。

（7）横向轴线　与建筑物宽度方向平行设置的轴线。

（8）纵向轴线　与建筑物长度方向平行设置的轴线。

（9）开间　两条横向轴线之间的距离。

（10）进深　两条纵向轴线之间的距离。

（11）层高　指该层楼（地）面到上一层楼面的高度。

（12）净高　指房间内楼（地）面到顶棚或其他构件底部的高度。

（13）建筑总高度　指从室外地坪至檐口顶部的高度。

（14）建筑面积　房屋各层面积的总和。

（15）结构面积　房屋各层平面中结构所占的面积总和。

（16）有效面积　房屋各层平面中可供使用的面积总和，即建筑面积减去结构面积。

（17）交通面积　房屋内外之间、各层之间联系通行的面积，即走廊、门厅、楼梯、电梯等所占的面积。

（18）使用面积　房屋有效面积减去交通面积。

（19）使用面积系数　使用面积占建筑面积的百分数。

第四节　房屋的变形缝

一、变形缝的含义

房屋的构造要受到许多因素的影响，有些影响因素，如气温变化、地基不均匀沉降以及地震等，会使房屋结构内部产生附加应力和变形。如果在构造上处理不当，将会使房屋产生裂缝甚至倒塌，影响使用和安全。因此，必须采取相应的构造措施予以解决，一般有两种方法：一种是预先在这些容易产生变形裂缝的敏感部位将结构断开，预留一定的缝隙，以保证缝两侧房屋的各部分有足够的变形空间；另一种是增强房屋的整体性，使房屋本身具有足够的强度和刚度来克服这些破坏应力，从而保证房屋不产生破裂。通常采取预先设置缝的方法，将房屋垂直分割开，并采取一些构造处理，这个预留的缝称为变形缝。因此，变形缝是为了防止由于温度的变化、地基的不均匀沉降以及地震而使房屋产生裂缝破坏所预先设置的缝。分为伸缩缝、沉降缝和防震缝三种。

二、变形缝的设置原则

1. 伸缩缝的设置

（1）间距　由于基础埋在土中，受温度变化影响不大，可不必断开，只从基础以上部分全部断开。砖石结构墙体的伸缩缝的最大间距见表1-5，钢筋混凝土结构墙体伸缩缝的最大间距见表1-6。

砖石结构墙体的伸缩缝的最大间距（单位：mm）　　　　　　　　　　　表 1-5

墙体类型	屋顶或楼层类别		间距
各种砌体	整体式或装配式钢筋混凝土结构	有保温层或隔热层的屋顶，楼板层	50
		无保温层或隔热层的屋顶	40
	装配式无檩体系钢筋混凝土结构	有保温层或隔热层的屋顶	60
		无保温层或隔热层的屋顶	50
	装配式有檩体系钢筋混凝土结构	有保温层或隔热层的屋顶	75
		无保温层或隔热层的屋顶	60
普通黏土砖、空心砖砌体、石砌体；硅酸盐砖、硅酸盐砌块和混凝土砌块砌体	黏土瓦或石棉瓦屋顶		150
	木屋顶或楼层		100
	砖石屋顶或楼层		75

（2）宽度：为保证伸缩缝两侧的建筑构件能在水平方向自由伸缩，缝宽一般为 20 ~ 40mm。

2. 沉降缝的设置

凡符合下列情况之一者，容易引起地基不均匀沉降，故应设置沉降缝。

钢筋混凝土结构伸缩缝最大间距（单位：mm）　　　　　　　　　　表 1-6

结构类型	室内或土中	露天
钢筋混凝土整体式框架建筑	55	35
钢筋混凝土装配式框架建筑	75	50
装配式大型板材建筑	75	50

（1）一房屋相邻部分的高度相差较大或荷载大小相差悬殊或结构变化较大；

（2）一房屋相邻部分的基础形式、埋置深度相差较大；

（3）房屋体型比较复杂；

（4）房屋建造在不同地基上；

（5）新旧房屋相毗连处。

沉降缝的设置宽度应满足房屋各部分在垂直方向的自由变形，因此应将房屋从基础到屋顶全部断开。沉降缝的宽度随地基情况和房屋的高度不同而确定，见表 1-7。

沉 降 缝 的 宽 度　　　　　　　　　　表 1-7

地基情况	房屋高度（m）	沉降缝宽度（mm）
一般地基	< 5	30
	5 ~ 10	50
	10 ~ 15	70
软弱地基	2 ~ 3 层	50 ~ 80
	4 ~ 5 层	80 ~ 120
	6 层以上	> 120
湿陷性黄土地基	—	≥30 ~ 70

3. 防震缝的设置

当设计烈度为 8 度和 9 度时，遇下列情况之一应设置防震缝：

（1）房屋立面高差在 6m 以上；

（2）房屋有错层，且错层楼板高差较大；

（3）房屋各部分结构、刚度、重量截然不同。

由于地震对地下建筑构件的影响不大，故防震缝应从地面向上沿房屋全高设置，基础可不设置。

防震缝的宽度与房屋的结构形式和地震设防烈度有关。

对于多层砌体房屋，防震缝的宽度可采用 50 ~ 100mm，对于多层和高层钢筋混凝土结构房屋，防震缝的最小宽度应符合下列要求：

房屋的高度不超过 15m 时，可采用 70mm。房屋的高度超过 15m 时，按不同设防烈度增加缝宽：

设计烈度为 7 度，高度每增加 4m，缝宽增加 20mm；

设计烈度为 8 度，高度每增加 3m，缝宽增加 20mm；

设计烈度为 9 度，高度每增加 2m，缝宽增加 20mm。

对于伸缩缝、沉降缝和防震缝根据情况可以统一设置，当只设置其中两种缝时，一般沉降缝可以代替伸缩缝，防震缝也可以代替伸缩缝。当伸缩缝、沉降缝和防震缝均需设置时，通常以沉降缝的设置为主，缝的宽度和构造处理应满足防震缝的要求，同时也应兼顾伸缩缝的最大间距要求。

复习思考题

1. 房屋是由哪几部分组成的？各部分的主要作用是什么？

2. 影响房屋构造的因素有哪些？

3. 建筑的类别是根据什么划分的？建筑按使用性质分为哪几类？

4. 建筑按主要承重结构的材料分为哪几类？当前采用比较多的是哪一类？

5. 建筑按耐久年限分为几级？各适用于何种建筑？

6. 房屋的耐火等级是根据什么确定的？分为几级？

7. 阐述伸缩缝、沉降缝和防震缝的区别和联系？

8. 名词：建筑模数、基本模数、耐火极限、标志尺寸、构造尺寸、变形缝。

第二章 基 础 与 地 下 室

第一节 概　　述

一、基础与地基的关系

建筑工程中，将建筑物下部埋入地面（土层）以下的承重构件称为基础；将位于基础下面，并承受建筑物所有荷载的那部分土层称为地基。基础是建筑物的重要组成部分，它承受着建筑物的全部荷载并将其传给地基；地基不是建筑物的组成部分，它只是承受建筑物荷载的那部分土层。

建筑物的全部荷载是通过基础的底面传给地基的，在一定的土质条件下，地基的承载能力（每 m^2 土层所能承受的最大垂直压力）是有限度的。为了保证建筑物的稳定与安全，必须使基础底面的平均压力不超过地基的承载力，这就要求在建筑物总荷载和地基承载力确定的情况下，保证基础底面有足够的面积。图 2-1 表示了基础与地基的关系及荷载传递的情况。

（一）地基的分类

1. 天然地基

凡天然土层具有足够的承载能力，不需经过人工改善或加固，便可作为建筑物地基者称为天然地基。一般情况下，岩石、碎石、砂土、粉土、黏性土等均可作为天然地基。天然地基施工简单，造价经济。

2. 人工地基

凡因缺乏足够的承载能力和稳定性，需预先对土进行人工加固，方可作为建筑物地基者称为人工地基。人工地基施工复杂，造价较高，一般情况下应优先选用天然地基。

（二）对地基和基础的要求

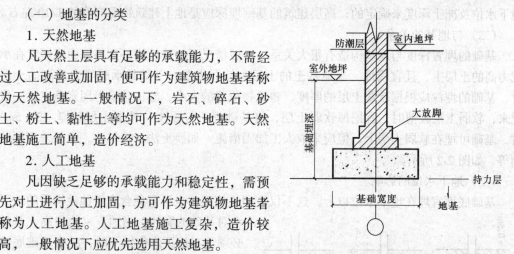

图 2-1　基础与地基的构成

建筑物的安全、适用和耐久性，在很大程度上取决于地基和基础的强度和耐久性。地基和基础又属于隐蔽工程，一旦开裂沉陷，很难加固和重建，因此，必须在坚固安全的前提下，使地基与基础满足以下要求：

1. 地基应满足强度方面的要求

地基的承载力必须足以承受作用在其上的全部荷载，不发生剪切破坏或失稳等。

2. 地基应满足稳定性方面的要求

地基不能产生过大的变形沉降或不均匀沉降而影响建筑物的使用。

3. 基础结构本身应满足强度和刚度要求

基础结构本身应有足够的强度和刚度，能承受建筑物的全部荷载并把它均匀地传到地基上。

4. 基础应满足防潮、防水和抗冻等方面的要求

基础应有较高的防潮、抗冻能力和耐腐蚀性，能抵抗冰冻和地下水的侵蚀等。

5. 基础工程应满足经济性的要求

基础工程的造价，按结构形式的不同约占房屋总造价的 10%～35%，而建筑物地段的选择、基础形式和构造方案以及材料、施工方法的选择都对工程费用有直接影响，应尽量减少基础工程的开支，以降低整个建筑物的造价。

二、基础的埋置深度

基础的埋置深度是指室外设计地面到基础底面的距离，如图 2-1 所示，基础埋深小于 5m 的称为浅基础，基础埋深大于 5m 的称为深基础。基础埋深一般不宜小于 0.5m。浅基础施工简单，不需要复杂的施工技术和设备，且工期短，费用低，因此在条件许可时应优先选择浅基础。

选择建筑物基础的埋置深度，应考虑建筑物本身（如使用要求、结构形式、荷载的大小和性质等）和建筑物周围的条件（如地质条件、相邻建筑物基础埋深的影响等）。必要时，还应通过方案比较，综合考虑确定。确定基础埋深的原则主要有以下几点：

（一）建筑物的特点及使用性质

建筑物的特点是指多层建筑还是高层建筑有无地下室等。多层建筑的基础埋深是依据地下水位及冻土深度来确定的；高层建筑的基础埋深应是地上建筑物总高度的 1/10 左右。

（二）与地基的关系

基础的埋置深度与地基构造有很大关系。一般情况下，建筑物基础的底面应埋置在承载力高的土层上，且宜浅埋。当地基土的土层为软弱土层，下部是承载能力较高的土层时，基础的埋深应根据软弱土层的厚度、建筑物荷载的大小，施工难易等因素确定。一般说来，软弱土层较薄时，宜挖掉软弱土层，将基础埋于好土上；软弱土层较厚（3～5m）时，基础可埋在软弱土层上，但应采取人工加固措施，如换土法、短桩法，也可采用深基础等，如图 2-2 所示。

（三）地下水位的影响

基础底面宜埋在地下水位以上，这不仅有利于施工，也可避免含有侵蚀性物质的地下水对基础的腐蚀。当地下水位很高，基础必须埋在地下水位以下时，应将基础底面埋置在低于最低地下水位 200mm 以下处，不使基础底面处于地下水位变化的范围之内为宜，如图 2-3 所示。这种情况下，基础应采用耐水材料，如混凝土、钢筋混凝土等，施工时要考虑基坑的排水。当地下水含有腐蚀性物质时，基础还应采取防腐蚀措施。

（四）相邻基础埋深的影响

为减少新建建筑物对相邻原有建筑物

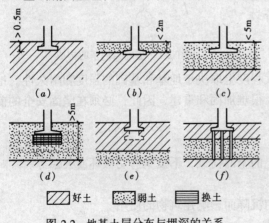

图 2-2 地基土层分布与埋深的关系

基础的影响，保证施工期间原有建筑的安全和正常使用，新建基础靠近原有基础时，一般不宜深于原有基础，当新建基础必须深于原有基础时，两基础必须保持一定的距离，其数值与荷载大小和土层情况有关，一般取相邻基础底面高差的 $1.5 \sim 2$ 倍以上，即 $L = (1.5 \sim 2.0)H$，如图 2-4 所示。

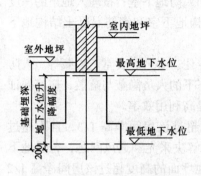

图 2-3　基础埋深与地下水位关系

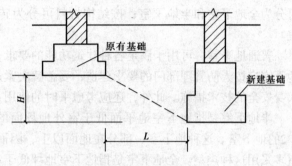

图 2-4　相邻基础的关系

（五）地基土冻结深度与埋深的关系

在冰冻地区，经常会出现土的冻胀和融陷现象，即土中水分冻结后，土体积增大的现象称为冻胀，冻土融化后产生的沉陷称为融陷。基础底面以下的土层如果冻胀，会使建筑物隆起，如果融陷，会使建筑物下沉。在季节性冰冻地区，冻土在冻融过程中，反复产生冻胀和融陷，如果基础埋置在这种冰冻深度内，建筑物则容易产生不均匀下沉和开裂，这种破坏称为冻害。

不同的土质，其冻胀程度不同。一般来说，黏土类冻胀程度比较严重，砂土类冻胀程度比较轻微，而岩石类土则不冻胀。地基土按有无冻胀性分为不冻胀土、弱冻胀土、冻胀土和强冻胀土四类。

在季节性冻胀地区，为避免冻胀，当地基为冻胀土时，应根据地基土的冻胀性类别、建筑物采暖的影响及室内外地面的高差计算确定基础的埋深，一般有三种情况：基础埋深大于冻深；基础埋深等于冻深；基础埋深小于冻深。如图 2-5 所示。通常情况下，基础埋深应尽可能大于冻深。

此外，基础埋深还与基础埋深的构造要求及地下管沟等因素有关。从保护基础出发，基础的顶面应低于室外地坪 0.1m。当有地下管沟通过基础时，除应在管沟顶设置过梁以外，可考虑在管沟处局部加深基础。

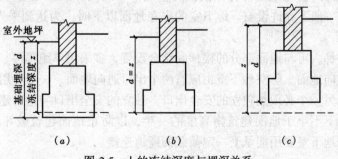

图 2-5　土的冻结深度与埋深关系

三、地下室的分类

多层和高层建筑需要较深的基础，利用这一有利条件，在建筑物底层下设置地下室是很经济的。

（一）地下室的类型

地下室的类型很多，按使用性质可分为普通地下室和人防地下室；按埋入地下的深度可分为全地下室和半地下室；按结构材料可分为砖墙结构地下室和钢筋混凝土结构地下室。

普通地下室，可用于满足各种建筑功能的要求，如居住、办公、食堂、贮藏等。人防地下室应按人防管理部门的要求建造，妥善解决紧急状态下的人员隐蔽与疏散，应有保证人身安全的技术措施。此外，还应考虑平时的使用，以提高利用效率。

半地下室是指地下室地平面低于室外地坪面的高度超过该房间净高1/3，且不超过1/2的地下室。这种地下室一部分在地面以上，因而容易解决采光和通风问题，普通地下室多采用这种类型。全地下室是指地下室地坪低于室外地坪面的高度超过该房间净高1/2的地下室，人防地下室多采用这种类型。

砖墙结构地下室，用于上部荷载不大及地下水位较低的情况。当地下水位较高，上部荷载较大时，常采用钢筋混凝土墙结构的地下室。

（二）地下室的构造

任何一种类型的地下室，一般均由墙、底板、顶板、门窗和楼梯等部分组成，如图2-6所示。

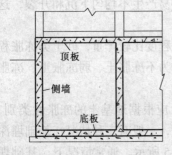

图 2-6　地下室的组成

地下室的墙不仅要承受上部的垂直荷载，还要承受土、地下水及土冻胀时产生的侧压力，地下室墙采用砖墙时，其厚度一般不小于490mm；当采用混凝土或钢筋混凝土墙时，其厚度按结构计算确定。

地下室的顶板，采用现浇或预制钢筋混凝土板。对于防空地下室的顶板，一般应为现浇板，还可以在预制板上浇筑一层混凝土，并保证在构造上将顶板与混凝土两者紧密结合为一体。

当地下水位高于地下室地面时，地下室的底板不仅承受作用在它上面的垂直荷载，还必须承受地下水的浮力，此时常采用钢筋混凝土底板，并应具有足够的强度、刚度和抗渗能力。

地下室采用的门窗与地上部分相同。防空地下室的门，应按相应等级的防护要求设置。防空地下室一般不允许设窗。地下室的窗在地面以下时，为达到采光和通风的目的，常设采光井。

地下室的楼梯，可与地面部分的楼梯间结合设置，多采用单跑楼梯。一个地下室至少有两个楼梯间通向地面。防空地下室也应有两个出口通向地面，一个可用与地面部分楼梯间结合的楼梯，另一个必须是独立的安全出口。独立的安全出口与地面建筑物要有一定的距离，一般情况下不小于地面建筑物高度的一半，以防止地面建筑破坏坍落后将出口盖住。安全出口与地下室要用能承受一定荷载的通道连接。

第二节　基础的类型与构造

基础的类型按材料与受力特点可分为刚性基础和柔性基础；按构造形式可分为独立基础、条形基础、板式基础、箱形基础和桩基础等。

一、按材料和受力特点分类

基础材料的选择决定着基础的强度、耐久性和经济效果，应考虑就地取材，充分利用地方材料的原则，应满足技术经济的要求。常用的基础材料有砖、石、混凝土（毛石混凝土）和钢筋混凝土等。

（一）刚性基础

当基础采用石、混凝土等材料时，由于这些材料的抗拉、抗弯、抗剪强度很低，根据材料的抗拉、抗弯极限强度，对

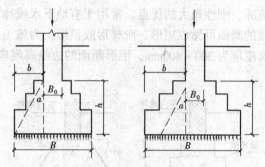

图 2-7　刚性基础受力分析

基础挑出长度 b 与高度 h 之比（通称宽高比）就要进行限制，即不超过容许宽高比，或用此宽高比形成的夹角来表示，当基础在此夹角内时就不会因材料受拉和受剪而破坏，这一夹角称为刚性角（见图 2-7）。凡受刚性角限制的基础称为刚性基础。刚性基础常用于地基承载能力较好，压缩性较小的低层或多层民用建筑以及墙承重的轻型厂房等。各种材料刚性基础台阶宽高比的容许值见表 2-1。

刚性基础台阶宽高比的容许值　　　　　　　　　　表 2-1

基础名称	质量要求	台阶宽高比的容许值		
		$P \leqslant 1.00$	$100 < P \leqslant 200$	$200 < P \leqslant 300$
混凝土基础	C10 混凝土	1:1.00	1:1.00	1:1.25
	C7.5 混凝土	1:1.00	1:1.25	1:1.50
毛石混凝土基础	C7.5 ~ C10 混凝土	1:1.00	1:1.25	1:1.50
毛石基础	M2.5 ~ M5 砂浆	1:1.25		
	M1 砂浆	1:1.50	1:1.50	

注：P 为基础底面处的平均压力（kPa）

1. 毛石基础

毛石基础是指用开采下来未经雕琢成形的石块，采用一定等级的砂浆（砂浆强度等级按砌体结构设计规范的规定选用）砌筑的基础，也有干砌而成。毛石基础具有抗压强度高、抗冻、耐水性能好等优点，可用于地下水位高，冻土深度较低的地区。但它的整体性欠佳，有震动的建筑物很少采用。

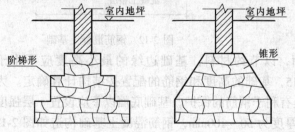

图 2-8　毛石基础

毛石形状不规则，其基础质量与码石块的技术和砌筑方法有很大的关系，一般应搭接满槽砌筑。毛石基础

厚度和台阶高度均不小于100mm，当台阶多于两阶时，每个台阶伸出宽度不宜大于150mm。为便于砌筑上部砖墙，可在毛石基础的顶面浇铺一层60mm厚、C10的混凝土找平层，如图2-8所示。

2. 混凝土基础

混凝土基础是用强度等级不低于C10的混凝土浇筑而成。它具有坚固、耐久、耐水、抗冻、刚性角大的优点，常用于有地下水或冰冻作用的基础。由于混凝土是可塑材料，基础的断面可做成矩形、阶梯形或锥形。为施工方便和保证质量，阶梯形断面的台阶宽度与高度应为300~400mm，锥形断面的边缘高度应不小于150mm，其构造如图2-9所示。

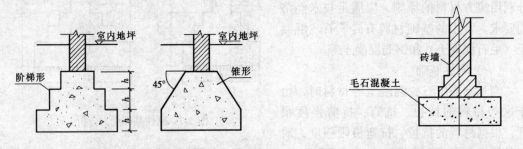

图2-9 混凝土基础　　　　　　　　　　　　　图2-10 毛石混凝土基础

为节约混凝土，可在混凝土中加入适量的毛石，这种基础称为毛石混凝土基础。毛石混凝土基础所用的石块一般不得大于基础宽度的1/3，且不大于300mm，加入的毛石为基础总体积的25%~30%，毛石在混凝土中应均匀分布并振捣密实，如图2-10所示。

(二)柔性基础

柔性基础一般是指钢筋混凝土基础。钢筋混凝土基础是在混凝土中配置钢筋，利用钢筋来承受拉力，使基础具有良好的抗弯能力。混凝土的强度、耐久性和抗冻性都较高，因此它的基础大放脚的挑长和高度的比值不受刚性角的限制。与刚性基础相比，在同样基础宽度条件下，钢筋混凝土基础的高度比刚性基础要小的多，如图2-11所示。这对减少基础的土方工程量、材料用量、降低工程造价和缩短工期是非常有利的。

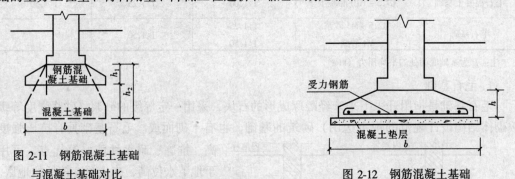

图2-11 钢筋混凝土基础
与混凝土基础对比　　　　　　　　　　图2-12 钢筋混凝土基础

钢筋混凝土基础常做成锥形截面，以节约材料，基础边缘的最小高度应不小于200mm，混凝土的强度等级应不低于C15，基础的高度和钢筋的配置按结构计算确定。为使基础与地基有平整良好的接触面以及有利于钢筋的保护，基础底面以下应设置一层强度等级为C7.5或C10的混凝土垫层，其厚度为50~100mm，钢筋混凝土基础构造如图2-12所示。

二、按基础的构造形式分类

基础的构造形式取决于建筑物上部承重结构的类型、荷载大小及地基承载力等因素。基础的构造形式主要有独立基础、条形基础、板式基础、箱形基础和桩基础（属深基础）等。以下主要介绍常见几种基础的构造：

（一）独立基础

独立基础是柱子基础的主要形式，多呈柱墩形。独立基础可用刚性材料或钢筋混凝土做成。除用于柱下外，独立基础有时也用于墙下。

1. 柱下独立基础

根据上部承重结构所用的材料不同，柱下独立基础可分为刚性材料独立基础和钢筋混凝土独立基础两大类。

当上部结构的柱子为砖、石或木柱时，柱下常采用砖、石、混凝土等材料做成独立基础，其断面形式多为台阶形、锥形，如图 2-13 所示。

当上部结构的柱子采用钢筋混凝土或钢柱时，柱下常采用混凝土或钢筋混凝土做成独立基础，混凝土强度等级不低于 C15。钢筋混凝土独立基础有时也用于荷载较大的砖或石柱的基础。

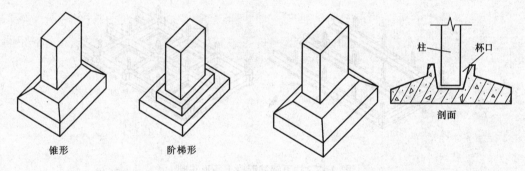

锥形　　　　　　　　　阶梯形

图 2-13　刚性材料独立基础　　　　　　　图 2-14　杯形基础

当采用装配式钢筋混凝土柱时，基础中应预留安放柱子的孔洞，孔洞尺寸应比柱子断面大一些。柱子放入孔洞安装就位临时固定后，用细石混凝土灌实，此基础又称为杯形基础，如图 2-14 所示。它常用于骨架承重的装配式厂房、民用建筑和温室建筑等。

2. 墙下独立基础

当条形基础的埋深很深时，就要开挖很深的基槽，土方量很大，此时可采用墙下独立基础。其构造方法是在墙的转角、纵横墙相交处以及墙身下的适当部位设置独立基础，独立基础之间设置基础梁或砌砖（石）拱，以承托墙身。独立基础的距离，一般为 3～5m，墙下的基础梁可以采用钢筋混凝土梁等。

（二）条形基础

条形基础是墙基础的主要形式，也可用于柱下，故又分为墙下条形基础和柱下条形基础。条形基础可用砖、石、混凝土等刚性材料或钢筋混凝土做成。

1. 墙下条形基础

根据上部承重结构和荷载大小的不同，墙下条形基础又可分为刚性材料做成的墙下条形基础和钢筋混凝土做成的墙下条形基础两大类。

对于混合结构或砖木结构的建筑物，当地基承载力较高时，常采用砖、石、混凝土等材料做成通长的墙下条形基础，如图2-15所示。

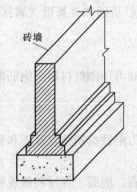
图 2-15 墙下刚性条形基础

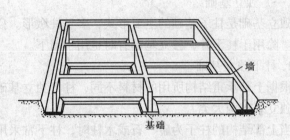
图 2-16 墙下钢筋混凝土条形基础

墙承重的建筑物，当荷载较大、地基承载力较差时如仍做刚性条形基础，就会造成基础高度和埋深很大，对土方开挖、材料用量、工期及造价均不利，因此常采用钢筋混凝土做成墙下钢筋混凝土基础，如图2-16所示。

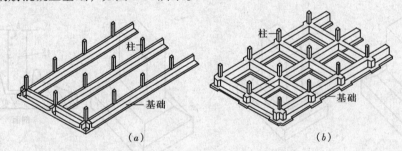
图 2-17 柱下钢筋混凝土条形基础
(a) 柱下条形基础；(b) 柱下十字交叉基础

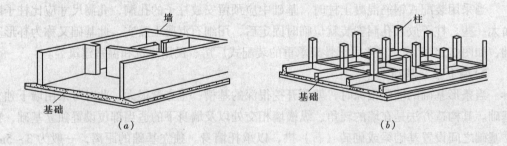
图 2-18 板式基础
(a) 板式筏板基础；(b) 柱下梁板式筏板基础

2. 柱下钢筋混凝土条形基础

当在软弱地基上设计单独基础时，基础底面积可能很大，柱下的单独基础连接在一起就可能形成柱下钢筋混凝土条形基础。柱下条形基础有单向连续和十字交叉两种形式，如图2-17所示。采用柱下钢筋混凝土条形基础，能使建筑物具有良好的整体性，可有效地

22

防止不均匀沉降。

（三）板式基础

又称满堂基础。这是连片的钢筋混凝土基础，一般用于荷载集中，地基承载力差的情况，如图 2-18 所示。

（四）箱形基础

当板式基础埋深较深，并有地下室时，一般采用箱形基础。箱形基础由底板、顶板和侧墙组成。此基础整体性强，能承受很大的弯矩，具有较大的强度和刚度，多用于高层建筑，如图 2-19 所示。

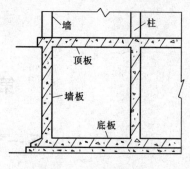

图 2-19　箱形基础

复 习 思 考 题

1. 什么是地基？什么是基础？地基与基础应满足哪些要求？地基基础工程为什么必须受到重视？

2. 确定基础埋深的因素有哪些？

3. 什么是刚性基础？什么是柔性基础？常用基础的材料有哪些？你所在地区民用建筑的基础都采用哪些材料？

4. 基础按构造形式可分为哪几类？各自的构造要求如何？你所在地区民用建筑的基础都采用什么形式的基础？

5. 地下室的分类如何？它是由哪几部分组成的？其构造要求如何？

第三章 墙 体

第一节 墙体的作用与分类

墙体是建筑物的重要组成部分，在一般的民用建筑物中，墙体的重量占建筑物总重量的 40%～45%，墙的造价约占全部建筑造价的 30%～40%，墙体可能是承重构件，也可能是围护构件，所以在建筑工程中，合理地选择墙体的材料、结构方案及构造做法是十分重要的。

一、墙体的作用

不同结构的建筑物、不同位置的墙，所起的作用是不同的。墙体的作用归纳起来主要有以下三个方面：

（一）承重作用

即墙体承受建筑物的屋顶、楼层、人和设备的荷载，以及墙体自重、风荷载、地震荷载等。

（二）围护作用

即建筑物四周的外墙能隔绝自然界风雨雪的侵袭，防止和减少太阳辐射、噪声干扰、室内热量的散失等，起到保温、隔热、隔声、防水等围护作用。

（三）分隔作用

即墙体可以根据需要把建筑物分隔成若干个小空间或小房间。

此外，墙体还有装饰作用，通过对墙面的装修以达到美观，从而对整个建筑物的装修效果起到很大的作用。因此墙体应满足以下几点要求：

（1）墙体要有足够的强度和稳定性，以满足结构要求；

（2）应满足热工方面（保温、隔热、防止产生凝结水）的性能要求；

（3）应满足一定的隔声要求；

（4）应满足一定的防火要求；

（5）合理选择墙体材料、减轻自重、降低造价，满足抗震的要求；

（6）应适应工业化发展的要求。

二、墙体的分类

墙体的分类方法很多，主要介绍以下几种：

（一）墙体按所处的位置分类

可分为外墙和内墙。外墙是指建筑物四周与室外接触的墙；内墙是位于建筑物的内部，不与室外接触的墙。

（二）墙体按其方向分类

可分为纵墙和横墙。一般来说，纵墙是指沿建筑物长轴方向的墙；横墙是指沿建筑物短轴方向的墙，一般情况下，纵墙与横墙是垂直的。习惯上常把外纵墙称为檐墙，把外横墙称为山墙。

（三）墙体按受力特点分类

可分为承重墙和非承重墙。承重墙是指承受上部屋顶、楼板或某些梁、板传来荷载的墙体；非承重墙是不承受上部水平构件传来荷载的墙体，包括承自重墙、框架填充墙和隔墙。承自重墙只承受自身（从上自下）全部墙体的重量；框架填充墙是指填充在框架结构框架柱、梁之间的墙，每段框架填充墙的重量由下部的梁承受；隔墙是指用来分隔建筑物的薄墙。承自重墙、框架墙、隔墙按其组成的材料分类均可分为砖墙、石材墙、砌块墙、板材墙等。

三、墙体结构布置

在墙承重结构的建筑物中，墙体结构布置方案有以下几种：

（一）横墙承重

横墙承重方案是用横墙承受屋顶、楼板等水平构件的荷载，而纵墙只起纵向拉结，围护和承自重的作用，如图3-1（a）所示。

横墙承重方案的优点是：横墙间距小，又有纵墙拉结，建筑物的整体性好，空间刚度较大，对抵抗水平荷载（风荷载、地震荷载）的作用比较有利，另外，非承重的纵向墙上开设门窗比较灵活。它的缺点是：横墙间距受限制，房间的开间尺寸不够灵活，墙的结构面积较大，房间的使用面积相对较小，墙体材料耗费较多。

横墙承重适用于房间开间不大的居住建筑和办公楼等建筑。对于北方地区的建筑物为了达到保温的目的，外纵墙及山墙常做的较厚，为了充分利用外纵墙的承载能力，一般不宜采用横墙承重，而采用纵墙承重。

（二）纵墙承重

纵墙承重方案是用纵墙承受屋顶、楼板等水平构件的荷载，而横墙只起分隔房间和连接纵墙的作用，如图3-1（b）所示。

纵墙承重方案的优点是：房间的开间尺寸比较灵活，能分隔出较大的房间，且楼板规格较少；由于横墙不承重，墙的厚度可较小，可节省墙体材料。它的缺点是：楼板的跨度比横墙承重方案大，纵墙上开设门窗洞口受到限制，且由于横墙相对较少和不承受楼层及屋面荷载，使建筑物的整体刚度较差。

纵墙承重适用于房间开间较大的建筑，如教学楼等。

（三）纵横墙混合承重

纵横墙混合承重方案是将建筑物中所有或部分纵横墙布置成承重墙，由纵横墙共同承受楼板、屋顶的荷载，如图3-1（c）所示。

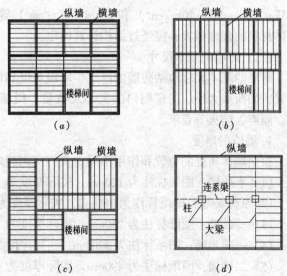

图 3-1 墙体承重方案
（a）横墙承重；（b）纵墙承重；（c）纵横墙混合承重；
（d）墙与内柱混合承重

25

纵横墙承重方案的优点是：平面布置灵活，整体刚度较好。它的缺点是：楼板类型较多，施工复杂。

纵横墙承重适用于房间开间和进深尺寸较大、房间类型较多及平面复杂的建筑，如教学楼、医院、幼儿园等建筑。

（四）墙与柱混合承重

墙与柱混合承重方案是指由建筑物的外墙及钢筋混凝土梁、柱组成的内框架共同承受楼板和屋顶的荷载，如图 3-1（d）所示。这种结构又称为部分框架结构承重结构，它适用于室内需要较大使用空间的建筑，如大中型商场、餐厅等。

第二节　墙　体　构　造

一、常用墙体的构造

砖墙是最常用的墙体，它是由砖和砂浆砌筑而成。用做墙体的砖有灰砂砖、粉煤灰砖、焦渣砖、混凝土空心砖等。各砖块之间用砌筑砂浆粘结而成。

（一）墙体所用材料

根据《砌体结构设计规范》（GBJ 3—2002）的规定，室内地坪以上的墙体已禁止使用普通黏土砖（个别地区还少量使用）；灰砂砖是用 30% 的石灰和 70% 的砂子压制而成；焦渣砖是用高炉硬矿渣和石灰蒸养而成。此外，在城市中还可利用工业废料做砖的原料，生产出了各种不经焙烧就可成型的砖，如以粉煤灰、石灰为主要原料的粉煤灰砖等，这种材料的砖能节约黏土资源，有的品种还能节约能源，因此发展速度较快。

砖墙砌筑用的砂浆由胶结材料（水泥、石灰、黏土）和填充材料（砂、石屑、矿渣等）用水搅拌而成。按《砌体结构设计规范》（GBJ 3—2002）中规定，砌筑砂浆的强度等级有 M15（150kg/cm²）、M10（100kg/cm²）、M7.5（75kg/cm²）、M5（50kg/cm²）、M2.5（25kg/cm²）、M1（10kg/cm²）和 M0.4（4kg/cm²）等。对多层建筑的承重墙越到底层需要墙体材料的强度越大，需经过结构计算确定。

（二）砖墙的基本尺寸

砖墙的基本尺寸包括砖墙的厚度、墙段长度和墙高。决定砖墙的基本尺寸应考虑很多因素，如荷载大小、门窗洞口的大小及数量、横墙间距、支承楼板的情况以及保温、隔热、隔声、防火等要求。

1. 墙体的厚度

根据墙体所处的位置和作用不同，常将实砌砖墙的厚度分为以下几种：

（1）半砖墙：图纸标注为 120mm，实际厚度为 115mm；

（2）3/4 砖墙：图纸标注为 180mm，实际厚度为 178mm；

（3）一砖墙：图纸标注为 240mm，实际厚度为 240mm；

（4）一砖半墙：图纸标注为 370mm，实际厚度为 365mm；

（5）二砖墙：图纸标注为 490mm，实际厚度为 490mm。

其他材料墙体的厚度均应符合模数的规定。如钢筋混凝土墙板用做承重墙时其厚度为 160mm 或 180mm，用做隔断墙时，其厚度为 50mm；加气混凝土墙体用于外围护墙时，其厚度常为 200～250mm，用做隔断墙时，其厚度常为 100～150mm。

对于外墙还应满足保温、隔热的要求。根据热工要求各地外墙厚度不同，设计时可根据具体地区选用相应厚度。

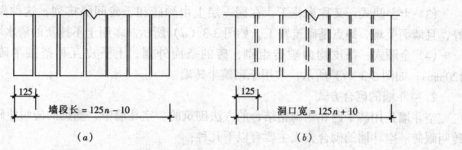

图 3-2　墙段长度和洞口宽度
(a) 墙段长度；(b) 洞口宽度

2. 墙段长度与洞口宽度

为了增加过长墙体的稳定性，应每隔一定距离，砌筑一垂直于过长墙体的横墙或其他构件。墙段的长度均应用完整的砖宽砌筑，尽量做到不打砖。墙段的长度尺寸应为以砖宽加灰缝为奇数的倍数减去一个灰缝。砖墙预留洞口时，洞口宽度的尺寸应为以砖宽加灰缝为奇数的倍数再加上一个灰缝的尺寸。墙段长度和洞口宽度尺寸如图 3-2 所示。

3. 墙的高度

墙身的高度是由实际需要经过设计确定，但墙高与墙厚应由一定的比例来制约，从而保证墙体的稳定性。墙体的高厚比与砌筑用砂浆的强度有关，如 M2.5 砂浆的砖砌体，允许高厚比为 22；M5.0 砂浆以上的砌体，高厚比为 24 等。

(三) 砖墙的砌合方式

砖墙的砌合是指砖块在砌体中的排列组合方法。砖墙在砌合时，应满足横平竖直、砂浆饱满、错缝搭接、避免通缝等基本要求，以保证墙体的稳定性。砖墙的砌合方式可按实砌砖墙和空斗砖墙来分类。

1. 实砌砖墙的砌合方式

实砌砖墙的砌合方式主要有以下几种：

(1) 一顺一丁式：丁砖和顺砖隔层砌筑，上下皮的灰缝互相错开 60mm，如图 3-3 (b) 所示。这种砌法整体性好，可砌筑一砖或一砖半墙。

(2) 多顺一丁式：这种砌法通常有三顺一丁和五顺一丁之分。其做法是每隔三皮顺砖或

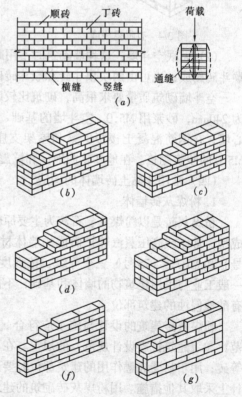

图 3-3　常见的几种砖墙砌法
(a) 砖缝形式；(b) 一顺一丁式；(c) 多顺一丁式；
(d) 十字式；(e) 370 墙砌法；(f) 120 墙砌法；
(g) 180 墙砌法

27

五皮顺砖加砌一皮丁砖相间叠砌而成，如图 3-3（c）所示。多顺一丁的砌筑方式容易出现通缝，一般用于砌筑荷载不大的承重墙或自承重墙。

（3）十字间式：又称梅花丁，在同一层上由顺砖和丁砖间隔排列，这种砌法整体性好，且墙面美观，缺点是砌筑费工，如图 3-3（d）所示。多用于不抹灰的清水墙。

（4）全顺式：每皮均为顺砖组砌，砖的条面外露，上下皮互相搭接半砖（及错缝120mm），如图 3-3（f）所示，常用于砌筑半砖墙。

2. 空斗墙的砌合方式

空斗墙是用砖平砌和侧砌相结合的方法砌筑的。空斗墙中，侧砌的砖叫斗砖，平砌的砖叫眠砖。空斗墙的砌合方式主要有以下几种：

（1）有眠空斗墙：每隔一皮眠砖砌一至三皮斗砖而成。凡每隔一皮斗砖砌一皮眠砖的叫一斗一眠；每隔两皮斗砖砌一皮眠砖的叫二斗一眠；每隔三皮斗砖砌一皮眠砖的叫三斗一眠，如图 3-4 所示。

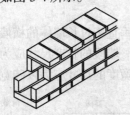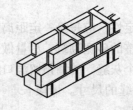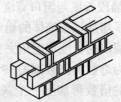

图 3-4　有眠空斗墙　　　　　　　　图 3-5　无眠空斗墙

（2）无眠空斗墙：这种墙砌筑时不用眠砖，全用斗砖砌筑而成。可以由一块顶斗砖和顺斗砖砌成；也可由两块顶斗砖和顺斗砖砌成，如图 3-5 所示。

空斗墙砌筑质量要求很高，砌筑比较麻烦，承载能力较低。砌筑空斗墙时，一般墙厚为240mm，砂浆用 M5.0。空斗墙的基础、勒脚、门窗洞口两侧、墙的转角等处要砌成实心墙；在钢筋混凝土楼板、梁和屋架支座处的六皮砖也要砌成实心砖墙，并用不低于M5.0 的砂浆砌筑。在地基软弱地区和抗震设防地区以及有震动荷载的建筑中不宜采用。

（四）常用非黏土砖墙体的构造

1. 粉煤灰砖墙体

粉煤灰砖是以粉煤灰、石灰为主要原料，掺加适量石膏和细集料，经坯料制备、压制成型，常压或高压蒸汽养护而成的墙体材料，按强度可分为 MU15（150 号）、MU10（100号）和 MU7.5（75 号）三个等级，按强度和外观可分为一等和二等两个等级，主要用于一般工业与民用建筑物的墙体和基础，不能用于长期受热高于200℃、受冷热交替作用或有酸性侵蚀的建筑部位。

粉煤灰砖建筑的设计与施工应符合《砌体结构设计规范》、《砖石工程施工及验收规范》和《建筑抗震设计规范》的规定。在易受冻融和干湿交替作用的建筑部位必须使用一等砖；用于易受冻融作用的建筑部位时要进行抗冻性试验，并用水泥砂浆抹面或在建筑设计上采取其他措施。用粉煤灰砖砌的建筑物，应适当增设圈梁和伸缩缝，或采取其他措施，以避免或减少收缩裂缝的产生。

粉煤灰砖出釜后宜存放 1 周才能用于砌筑；砌筑前，粉煤灰砖要提前浇水润砖，自然含水率≥10％时，可以干砖砌筑。墙体砌筑和抹面时，采用掺入适量粉煤灰的混合砂浆能提高粘结性。

2. 混凝土空心砖墙体

以水泥、石子（碎石或卵石）和砂子为主要原料，按一定配合比，经搅拌、浇筑、振捣、养护而成的有竖孔的块材料，具有容重轻、强度高、块体大、隔热、隔声等性能，还能提高施工效率。按强度可分为 MU20（200 号）、MU15（150 号）、MU10（100 号）、MU7.5（75 号）和 MU5（50 号）五个等级，按外观可分为合格品和等外品两种。

混凝土空心砖建筑的设计与施工应符合《砌体结构设计规范》、《砖石工程施工及验收规范》和《建筑抗震设计规范》的规定。空心砖砌筑前要浇水，水要窨透；砌筑时一层为两皮顺砖一皮丁砖，第二层是一皮丁砖两皮顺砖，交错进行，垂直孔向上；灰缝的砂浆要饱满，水平灰缝的砂浆饱满度不得低于 80%；砌筑砂浆不宜太稀，也不能太稠，应有较好的和易性，砂浆的坍落度控制在 6～8cm 左右为好。

二、框架结构的墙体构造

框架结构的墙体主要起填充和围护作用，常用的有加气混凝土砌块墙、黏土空心砖墙、陶粒空心砖墙等。

（一）加气混凝土砌块墙体

加气混凝土是一种轻质多孔的建筑材料，是由水泥、砂子、磨细矿渣、粉煤灰等材料，加入铝粉发泡剂经蒸养而成。加气混凝土具有容重轻、隔热、隔声、保温性能好和耐火等特点，并容易加工、施工简便。建筑工程中采用加气混凝土制品可降低建筑物自重，提高建筑物的功能，节约建筑材料，减少运输量，降低造价等。这种墙体多用作框架结构的填充墙。

加气混凝土砌块的尺寸：厚度为 75mm、100mm、125mm、150mm、200mm，长度为500mm。砌筑时应采用混合砂浆砌筑（砂浆的最低等级不宜低于 M2.5），并考虑错缝搭接。为保证其稳定性，在钢筋混凝土柱上每隔 1m 左右高度要甩筋或加柱箍钢筋与砌块连接，砌块上部与钢筋混凝土的叠合梁连接，如图 3-6（a）所示。后砌的加气混凝土砌块非承重墙与承重墙或柱交接处，应沿墙高 1m 左右用 3φ4 钢筋与承重墙或柱拉结，每边伸入墙内长度不得小于 700mm。加气混凝土砌块墙的上部必须与楼板或梁的底部加木楔钉紧，如条件容许，可以加在楼板的缝内来保证其稳定性，如图 3-6（b）所示。

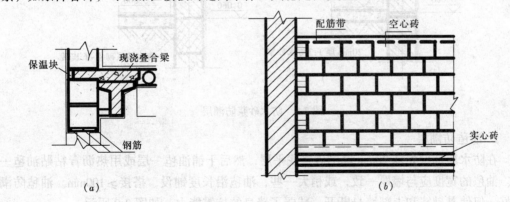

图 3-6 加气混凝土砌块墙

（二）空心砖墙体

这种墙体采用的是具有 40% 左右孔洞率的非承重砌体材料，形状如图 3-7 所示，它具有质量轻、强度高、保温性能好及抗腐蚀、耐久等特性。

所以空心砖主要用于框架结构的外围护墙。目前采用的陶粒空心砖，也是一种较好的围护墙材料。

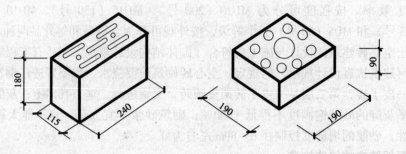

图 3-7　空心砖尺度

三、墙体的细部构造

墙体的细部构造一般是指在墙身上的细部做法，其中包括防潮层、勒脚、散水、窗台、过梁、圈梁等内容。

（一）防潮层

在墙身中设置防潮层是为了防止土壤中的水分沿基础墙上升和勒脚部位的地面水影响墙身。它的作用是提高建筑物的耐久性，保持室内干燥卫生。

防潮层的具体做法是：在室内与室外地坪之间，标高相当于 – 0.060m 处的墙身作防潮层，以在地面垫层中部做最为理想。防潮层的材料做法主要有以下几种：

1. 防水砂浆防潮层

具体做法是抹一层 20mm 厚的 1:3 的水泥砂浆加 5% 防水粉拌合而成的水泥砂浆。另一种是用防水砂浆砌筑 4～6 皮砖，位置在室内地坪以下，如图 3-8 所示。

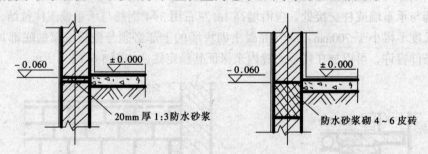

图 3-8　防水砂浆防潮层

2. 油毡防潮层

在防水层部位先抹 20mm 厚的砂浆找平层，然后干铺油毡一层或用热沥青粘贴油毡一层。油毡的宽度应与墙厚一致，或稍大一些，油毡沿长度铺设，搭接 ≥100mm。油毡防潮较好，但使基础墙和上部墙身断开，减弱了墙身的抗震能力，如图 3-9 所示。

3. 混凝土防潮层

由于混凝土本身具有一定的防水性能，常把防水要求和结构做法合并考虑。即在室内外地坪之间浇筑 60mm 厚的混凝土防水层，内放 3φ6、φ4@250 的钢筋网，如图 3-10 所示。

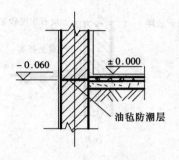

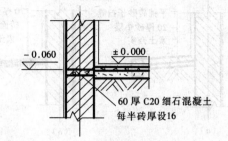

图 3-9　油毡防潮层　　　　　　　　图 3-10　混凝土防潮层

如果在抗震设防地区，应选择防水砂浆或混凝土作防潮层。

（二）勒脚

勒脚是指外墙墙身下部靠近室外地坪的那部分墙体。勒脚的作用是防止地面水、屋檐滴下的雨水对墙面的侵蚀，从而保护墙面，保证室内干燥，提高建筑物的耐久性，还有美化建筑物外观的作用。勒脚常采用抹水泥砂浆、镶嵌石材或加大墙厚的办法做成。勒脚的高度一般为室内外地坪的高差，也可以根据立面的需要来提高勒脚的高度尺寸，如图 3-11 所示。

（三）散水与明沟

为了防止建筑物四周的地面水和屋面排下的雨水侵入地基，影响地基的承载能力，在建筑物靠近勒脚四周地面应设置明沟，将水导入地下排水管沟中；或设置散水，将积水排到离墙基有一定距离的远处地面。

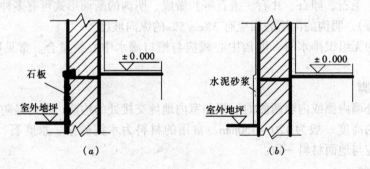

图 3-11　勒脚
（a）石板贴面勒脚；（b）抹灰勒脚

1．散水

散水是指靠近勒脚下部的排水坡，适用于降雨量小的地区，如遇到明沟不能紧贴外墙布置时，可在明沟与外墙之间加设散水。散水的宽度应比屋檐的挑出宽度大 150~200mm，一般为 600~1500mm。散水坡度一般在 5% 左右，外缘高出室外地坪 20~50mm 较好。散水的常用材料为混凝土、砖、炉渣等。为避免混凝土散水受温度变化热胀冷缩而产生裂缝，混凝土散水每隔 6~12m 应设一道伸缩缝，伸缩缝及散水与墙的接缝，均应用热沥青填充。常见散水构造如图 3-12 所示。

2．明沟

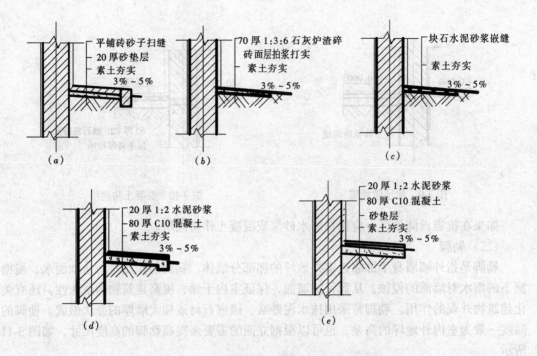

图 3-12　散水

(a) 砖散水；(b) 三合土散水；(c) 块石散水；(d) 混凝土散水；

(e) 季节性冰冻地区散水

明沟一般用于降雨量较大的地区，如广泛用于南方地区。明沟可用混凝土或一些地方材料（如砖、毛石、卵石、片石、条石等）做成，明沟的断面形式可有多种（如矩形、梯形、半圆形等），明沟的沟槽底面应有 3‰~5‰的纵向坡度。

当屋面为无组织排水时，明沟中心线应与檐口滴水中心线重合。常见明沟构造如图 3-13 所示。

（四）踢脚

踢脚是外墙内侧或内墙两侧的下部和室内地坪交接处的构造，目的是防止扫地时污染墙面。踢脚的高度一般为 120~150mm。常用的材料为水泥砂浆、水磨石、木材、缸砖、油漆等，并应与地面材料一致。

（五）窗台

窗洞口的下部应设置窗台。窗台根据窗子的安装位置可形成内窗台和外窗台。外窗台是为了防止在窗洞底部积水并流向室内；内窗台则是为了排除窗上的凝结水，以保护室内墙面及存放东西、摆放花盆等。窗台的底面外檐处，应做成锐角形或半圆凹槽（叫滴水），便于排水，以免污染墙面。

1. 外窗台常见构造做法

（1）砖窗台：砖窗台应用较广，有平砌挑砖和立砌挑砖两种做法。面层可抹 1:3 水泥砂浆，并应有 10%左右的坡度，挑出尺寸一般为 60mm，如图 3-14 所示。

（2）混凝土窗台：这种窗台一般为现场浇制而成。

2. 内窗台常见构造做法

（1）水泥砂浆抹面窗台：一般是在窗台上表面抹 20mm 厚的水泥砂浆，并应突出墙面

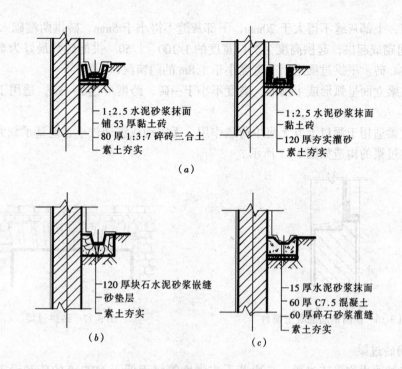

图 3-13　明沟

（a）砖砌明沟；（b）石砌明沟；（c）混凝土明沟

50mm 较好，如图 3-15 所示。

（2）窗台板窗台：对于装修要求较高而且窗台下设置暖气片的房间，一般均采用窗台板做窗台。窗台板可用预制水泥板或水磨石板。板厚一般为 30mm，两侧伸出洞口各30mm，如图 3-16 所示。装修要求特别高的房间还可采用木窗台板。

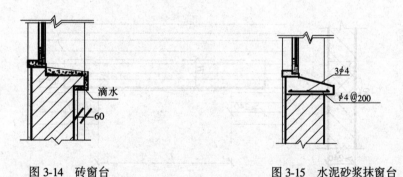

图 3-14　砖窗台　　　　　　　　　图 3-15　水泥砂浆抹窗台

（六）过梁

为承受门窗洞口上部的荷载，并把它传到门窗两侧的墙上，以免压坏门窗框，在门窗洞口的上部应设过梁。过梁一般可分为钢筋混凝土过梁、砖拱过梁和钢筋砖过梁等几种。选择过梁时，应根据洞口的宽度、洞口上部荷载的大小和性质来选择。

1. 砖拱过梁

砖拱过梁的特点是不用钢筋，少用水泥，有平拱和弧拱两种做法。

平拱过梁立面成扇形，采用砖立砌而成，高度不小于一砖，灰缝上宽下窄，相互挤压形成拱的作用，上部灰缝不得大于 20mm，下部灰缝不得小于 5mm，砖拱两端砌入墙内 20～40mm，中间砌成起拱，起拱高度为洞口宽度的 1/100～1/50。拱的砖数最好为奇数，中间的砖称为拱心砖。平拱过梁适用于宽度小于 1.8m 的门窗洞口。

弧拱过梁立面呈弧形或半圆形，高度不小于一砖，跨度可达 2～3m，适用于弧形门窗洞口。

砖拱过梁适用于洞口上方无集中荷载作用、无震动或震动较小、地基承载力均匀的建筑中，砖拱过梁的构造如图 3-17 所示。

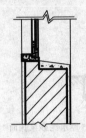
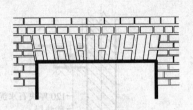

图 3-16　预制钢筋混凝土窗台　　　　　　　图 3-17　砖拱过梁

2. 钢筋砖过梁

钢筋砖过梁也称平砖过梁，是由若干皮强度等级不低于 MU7.5 的砖和设于底部的钢筋及不低于 M2.5 的砂浆砌合而成。

钢筋砖过梁的砌筑方法与一般砖墙一样。过梁的高度应不小于洞口宽度的 1/5，并不小于 5 皮砖，钢筋的数量为每 120mm 墙厚不少于 1φ6，钢筋应伸入支座砌体内 240mm，并应向上弯起 60mm，钩入垂直灰缝中。为防止钢筋锈蚀并有利于钢筋与砌体共同作用，应在钢筋的下部铺一层厚度不小于 30mm 砂浆层，钢筋砖过梁的构造如图 3-18 所示。

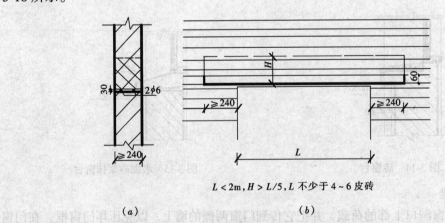

$L < 2m, H > L/5, L$ 不少于 4～6 皮砖

（a）　　　　　　　　（b）

图 3-18　钢筋砖过梁

3. 钢筋混凝土过梁

对于门窗洞口宽度大于 1.5m、上部荷载较大、有较大震动荷载或可能产生不均匀沉降的房屋，应采用钢筋混凝土过梁。钢筋混凝土过梁有现浇和预制两种做法，多数

为预制。过梁的断面形式有矩形和L形两种，L形断面适用于清水砖墙或北方地区的外墙。

钢筋混凝土过梁的高度及配筋应根据结构计算确定，梁的高度应与砖的皮数相对应，常为60mm、120mm、180mm、240mm等，梁的端部伸入墙内不小于240mm。

为便于运输和安装，预制钢筋混凝土过梁不宜过大，当过梁的尺寸太大时，可做成2～3根尺寸较小的过梁拼装使用，钢筋混凝土过梁的构造如图3-19所示。

（七）窗套与腰线

窗套是由带挑檐的过梁、窗台和窗边挑出立砖而构成的，外抹水泥砂浆后，再做其他装饰。腰线是指过梁和窗台形成的上下水平线条，外抹水泥砂浆后，再做其他装饰，窗套与腰线的构造如图3-20所示。

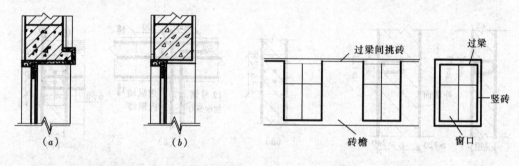

图3-19　钢筋混凝土过梁　　　　　图3-20　窗套与腰线

（八）圈梁

在砖混结构的建筑物中，常在建筑物外墙、内纵墙和部分横墙中设置连续封闭的水平横梁，即称为圈梁。它的作用是增加墙体的稳定性，加强建筑物的空间刚度和整体性，防止或减少由于地基不均匀下沉及震动荷载等引起的墙身开裂。对地震设防区，利用圈梁加固墙身十分必要。

1. 圈梁的数量和位置

圈梁的数量和位置与建筑物的高度、层数、地基状况和地震烈度等因素有关。

在非地震区，比较空旷的单层建筑，当墙厚 $h \leqslant 240mm$，檐口高度为5～8m时，应设置圈梁一道；当檐口高度大于8m时，应适当增设。对多层建筑物，当墙厚 $h \leqslant 240mm$，且层数为3～4层时，应在檐口标高处设置圈梁一道，当层数超过4层时，可适当增设。多层建筑物若地基土软弱，且又采用毛石基础等刚性基础时，应在基础顶面和顶层处各设置圈梁一道，其他各层隔层设置，必要时也可层层设置。

圈梁除应通过外墙和内纵墙以外，还应通过部分横墙或与之连接，其间距依楼盖及屋盖类别不同为16～32m。如采用连接方式时，可将圈梁伸入横墙1.5～2m。当圈梁与相应门窗的过梁相近时，圈梁可通过门窗顶兼作过梁。

在地震区，砖混结构建筑物的圈梁应按抗震规范的要求设置。

2. 圈梁的布置要求

圈梁又称为腰箍，应在同一水平面上形成封闭状。如果因为某种原因，圈梁被某些门窗或洞口截断，此时应在洞口上部增设一道相同截面的附加圈梁，附加圈梁与圈梁的搭接长度不应小于其垂直间距的2倍，且不得小于1m，如图3-21所示。

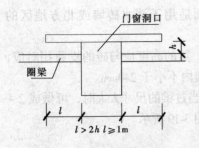

图 3-21 附加圈梁的搭接

3．圈梁的构造

圈梁有钢筋混凝土圈梁和钢筋砖圈梁两种。钢筋混凝土圈梁的宽度为：当墙厚 $h \leqslant 240\text{mm}$ 时，应与墙厚同宽，当墙厚 $h > 240\text{mm}$ 时，梁宽应不小于墙厚的 2/3。圈梁的高度应不小于 120mm。在非地震区，圈梁的纵向钢筋不应小于 $4\phi8$（一般为 $4\phi8—4\phi12$），箍筋应不小于 $\phi6@300$，钢筋砖圈梁应采用不低于 M5 的砂浆砌筑，圈梁高度为 $4 \sim 6$ 皮砖，纵向钢筋不宜小于 $6\phi6$，并分为两排，钢筋的水平间距不宜大于 120mm。

钢筋混凝土圈梁构造如图 3-22 所示，钢筋砖圈梁构造如图 3-23 所示。

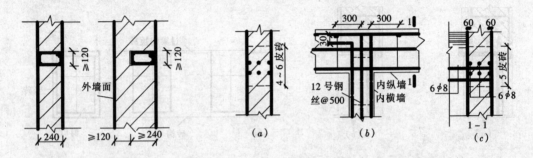

图 3-22　钢筋混凝土圈梁　　　　　图 3-23　钢筋砖圈梁

当建筑物地基有软弱黏土、液化土、新近填土或严重不均匀土层时，在基础顶面设置的圈梁，其截面高度不应小于 180mm，配筋不应少于 $4\phi12$。

（九）烟道与通风道

在住宅或其他民用建筑物中，为了排除炉灶的烟气或其他污浊空气，常在墙内设置烟道和通风道。

烟道和通风道分为现场砌筑或预制构件进行拼装两种做法。砌筑烟道和通风道的断面尺寸应根据排气量来决定，且不应小于 120mm × 120mm。烟道和通风道除单层建筑物外，均应有进气口和排气口。烟道的排气口在下，距楼板 1m 左右较合适。通风道的排气口在上，距楼板底 300mm 左右较合适。烟道和通风道不能混用，以避免串气。混凝土通风道，一般为每层一个预制构件，上下拼接而成。砖砌烟道和通风道的断面形状如图 3-24、图3-25 所示。

四、墙体的装修

墙体装修是为了保护墙面，提高墙体抵抗风、雨、温度、酸、碱等的侵蚀能力，满足立面装修的要求，增强美观、隔热、保温及隔声的效能。

墙体装修分为内、外装修两部分，其装修做法有两大类，即清水墙和混水墙。清水墙做法是只作勾缝处理，多用于外墙；混水墙是指采用不同的装修手段，对墙体进行全面包装的做法。

（一）外墙面装修

外墙面装修常用做法有贴面类、抹灰类和喷刷类等几种。

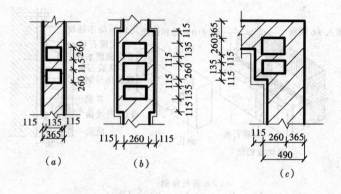

图 3-24　烟道构造

（a）普通砖砌烟道；（b）砖砌子母烟道；（c）外墙中的烟道

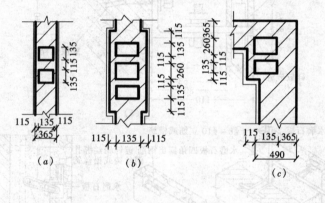

图 3-25　通风道构造

（a）普通砖砌通风道；（b）砖砌子母通风道；（c）外墙中的通风道

1．贴面类

贴面类是指在墙的外表面铺贴花岗石、大理石、陶瓷锦砖（又称马赛克）等饰面材料而成的装修做法。花岗石贴面给人以庄重、严肃的感觉。大理石贴面色彩丰富、外形美观，给人以华丽之感。陶瓷锦砖包括大块面砖和小瓷砖，贴在建筑物的外表可装饰与美化立面，使其丰富多彩，形式多样。

大理石板的铺贴方法是在墙、柱中预埋扁铁钩，在板顶面作凹槽，用扁铁钩钩住凹槽，中间浇灌水泥砂浆。另一种方法是在墙、柱中间预留 $\phi 6$ 钢筋钩，用钢筋钩固定 $\phi 6$ 钢筋网，将大理石板用钢丝绑扎在钢筋网上，再在其中浇灌水泥砂浆，其构造如图 3-26 所示。

陶瓷锦砖主要用水泥砂浆进行镶贴。面砖主要用聚合物水泥砂浆（在水泥砂浆中加入少量的 108 胶）和特制的胶粘剂（如 903 胶）进行粘贴。

2．抹灰类

外墙抹灰分为普通抹灰和装饰抹灰两大类。普通抹灰包括在外墙上抹水泥砂浆等做法；装饰抹灰包括水刷石、干粘石、剁斧石和拉毛灰等做法。抹灰类墙面必须分层操作，避免抹灰层中的砂浆因干缩而产生裂缝。

水泥砂浆墙面的一般做法是先用 12mm 厚 1:3 水泥砂浆打底，再用 6mm 厚 1:2.5 水泥

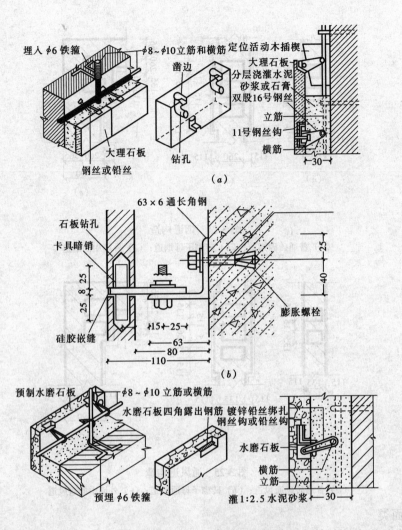

图 3-26 大理石挂贴墙面
(a) 用金属丝定位; (b) 用卡具及螺栓定位

砂浆抹面。

水刷石墙面的做法是先用 12mm 厚 1:3 水泥砂浆打底，扫毛或划出纹道；再刷素水泥浆一道（内掺水重 3%~5% 的 108 胶）；最后用 8mm 厚 1:1.5 水泥石子（小八厘）或 10mm 厚 1:1.25 水泥石子（中八厘）罩面。

干粘石墙面的做法是先用 12mm 厚 1:3 水泥砂浆打底，扫毛或划出纹道；再抹 6mm 厚 1:3 水泥砂浆，然后刮 1mm 厚 108 胶素水泥浆粘结层（水:108 胶 = 1:0.3~0.5），最后将干粘石面层拍平压实（粒径以小八厘略掺石屑为宜）。

剁斧石墙面的做法是先在 1:3 水泥砂浆底层上刮一道素水泥浆，随即抹 1:2.5 水泥石碴浆，待面层具有一定强度时，用剁斧剁去表面水泥，即显露石碴质感。

3. 喷刷类

喷刷类饰面施工简单，造价便宜并有一定的装饰效果。这里介绍几种常用的喷刷方法。

喷多层花纹涂料墙面的做法是先用 12mm 厚 1:3 水泥砂浆打底扫毛或划出纹道；再用 6mm 厚 1:2.5 水泥砂浆找平；然后喷封底涂料，增强粘结力；最后喷花纹涂料一遍；喷无色罩面涂料一遍。

喷丙烯酸外用乳胶漆墙面的做法是先用 12mm 厚 1:3 水泥砂浆打底扫毛或划出纹道；再用 6mm 厚 1:2.5 水泥砂浆找平；最后喷丙烯酸（或苯丙烯酸）外用乳胶涂料两遍。

弹涂涂料墙面的做法是先用 12mm 厚 1:3 水泥砂浆打底搓成麻面；再用 6mm 厚 1:2.5 水泥砂浆找平，表面扫毛或划出纹道；然后配色底浆 1:0.9:0.2（水泥:水:建筑胶加颜料）；最后弹涂配色点浆 1:0.4:0.1（水泥:水:建筑胶加颜料）；喷有机硅憎水剂。

4. 清水墙类

砖墙外表只勾缝，不做其他装修，分为清水砖墙面和清水砖刷浆墙面。

清水砖墙面的做法是用 1:1 水泥砂浆勾凹缝。清水砖刷浆墙面的做法是先用 1:1 水泥砂浆勾凹缝，凹入应不小于 4mm；再刷或喷氧化铁红（黄），粘结剂为乳液（按水重的 15%~20% 掺用）。

（二）内墙面装修

内墙面装修一般可归结为四类，即贴面类、抹灰类、喷刷类和裱糊类等做法。

1. 贴面类

主要包括大理石板、预制水磨石板、陶瓷面砖等材料。常用于门厅和装饰要求高、卫生要求高的房间。这里介绍几种常用的贴面类做法。

釉面砖墙面的做法是先用 9mm 厚 1:3 水泥砂浆打底压实抹平；再刷素水泥浆一道；然后抹 5mm 厚 1:2 建筑胶水泥砂浆粘结层；最后贴 5mm 厚釉面砖（粘贴前先将釉面砖浸水 2h 以上）；白水泥擦缝。

锦砖墙面的做法是压实抹光；素水泥浆一道；3mm 厚 1:2 建筑胶水泥砂浆粘结层；5mm 厚陶瓷（或玻璃）锦砖面层；用白水泥擦缝。

大理石板墙面的做法是在墙体基层钻孔预埋 $\phi8$ 钢筋，头长 150mm；将 $\phi6$ 钢筋网与墙体基面预埋的钢筋头焊接牢固；贴 20~30mm 大理石板面层，在正背面及四周边满涂防腐剂，在石板背面预留栓孔，用 16 号钢丝（或 $\phi5$ 不锈钢挂钩）与钢筋网绑扎（或卡钩）牢固；再用稀水泥擦缝。

2. 抹灰类

抹灰类包括砖墙面抹灰类、混凝土墙面抹灰类和水泥砂浆墙面抹灰类等种类。

砖墙面抹灰类的做法是先用 9mm 厚 1:3 白灰膏砂浆打底；再抹 5mm 厚 1:3 白灰膏砂浆；最后抹 2mm 厚纸筋灰罩面；喷大白浆。

混凝土墙面抹灰类的做法是先刷素水泥浆一道（内掺水重 3%~5% 的 108 胶）；再用 12mm 厚 1:3:4 水泥:白灰膏:砂浆打底；最后用 2mm 厚纸筋灰罩面；喷大白浆。

水泥砂浆墙面抹灰类的做法是先用 9mm 厚 1:3 白灰膏砂浆打底，扫毛或划出纹道；再用 5mm 厚 1:2.5 水泥砂浆罩面。

3. 喷刷类

喷刷类包括刷漆、喷浆等种类。

乳胶漆墙面的做法是先用 13mm 厚 1:0.3:3 水泥白灰膏砂浆打底；再用 5mm 厚 1:0.3:2.5 水泥白灰膏砂浆罩面压光，刷乳胶漆。

刮腻子喷浆墙面的做法是将现浇钢筋混凝土板或预制大型墙板表面清扫干净；再满刮石膏纤维腻子；满刮大白腻子；最后喷大白浆。

彩色花纹涂料墙面的做法是先用 9mm 厚 1:0.5:3 水泥白灰膏砂浆打底扫毛或划出纹道；再抹 5mm 厚 1:0.5:2.5 水泥白灰膏砂浆找平；然后刷底漆一道；刷中漆一道；喷（刷、辊）面漆一道。

4.裱糊类

常用的裱糊类包括塑料壁纸和壁布两大类。前类是在原纸上或布上涂塑料涂层，后一类是在原纸上或布上压一层塑料壁纸。

贴壁纸墙面的做法是先用 9mm 厚 1:0.5:3 水泥白灰膏砂浆打底扫毛或划出纹道；再抹 5mm 厚 1:0.5:2.5 水泥白灰膏砂浆找平；最后满刮 2mm 厚耐水腻子找平；贴壁纸面层。

裱贴锦缎墙面的做法是先用 9mm 厚 1:0.5:3 水泥白灰膏砂浆打底扫毛或划出纹道；再抹 5mm 厚 1:0.5:2.5 水泥白灰膏砂浆找平；然后满刮 2mm 厚耐水腻子找平；刷防潮底漆一道；最后在锦缎裱贴面上浆裱宣纸；裱贴锦缎面层。

第三节 隔 墙

一、对隔墙的要求

隔墙只起分隔房间的作用。为了达到使用要求和经济要求，隔墙应满足重量轻、厚度薄、耐火、耐湿、隔声、便于拆装等要求。

二、隔墙的类型

隔墙按构造类型可分为三种。

（一）块材式隔墙

块材式隔墙是指用普通砖、空心砖、加气混凝土砌块等块材砌筑的隔墙。这类隔墙具有取材容易、刚度较好、隔声效果好的优点。但隔墙自重较大，施工为湿作业。这类隔墙处的楼板一般需作结构处理。

（二）立筋（骨架）式隔墙

立筋式隔墙是指用木材、钢材或其他材料构成骨架，骨架的两面或单面再钉接、镶嵌或涂抹面层的隔墙。如板条抹灰隔墙、钢丝网（板）抹灰隔墙、纸面石膏板隔墙等。这类隔墙具有自重轻、厚度薄、湿作业少的优点。由于多数都有空气间层，隔声效果也较好。这类隔墙处的楼板不需作结构处理。

（三）板材式隔墙

板材式隔墙是指单板高度相当于房间净高、面积大，且不依赖于骨架、直接装配而成的隔墙。如碳化石灰板隔墙、加气混凝土板隔墙等。这类隔墙具有工业化程度高，施工速度快，减少湿作业，且厚度薄，拆装简便的优点。

三、常用隔墙构造

由于隔墙种类较多，以下仅介绍常用的几种隔墙构造。

（一）砖隔墙

这种隔墙常用厚度为 120mm 的普砖的顺砖砌筑而成。一般可以满足隔声、耐火、耐水的要求。为了加强墙体的稳定性，应采取一些构造措施。

（1）砌墙砂浆的强度等级应不低于 M5。

（2）隔墙与外墙的连接处应加拉结筋，拉结筋应不少于 2 根，直径为 6mm，伸入隔墙长度为 1m，内外墙之间不应留直槎。

（3）当墙高大于 3m、长度大于 5.1m 时，应每隔 8～10 皮砖砌入一根 $\phi6$ 钢筋，其构造如图 3-27 所示。

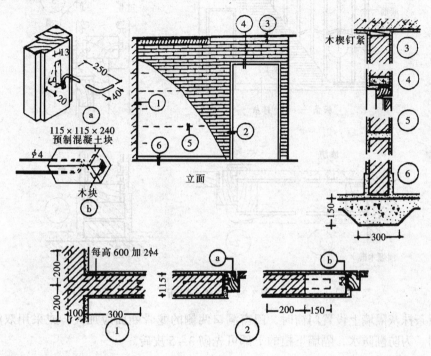

图 3-27　半砖隔断

（4）隔墙上部与楼板相接处，用立砖斜砌，使墙和楼板挤紧。

（5）隔墙上如有门时，要用预埋铁件或带有木楔的混凝土预制块，将砖墙与门框拉结牢固，如图 3-28 所示。

（二）板条抹灰隔墙

板条抹灰隔墙是用方木组成框架，钉以板条，再抹灰形成隔墙。木板条隔墙的特点是质轻、墙薄、不受部位的限制，拆除方便，具有较大的灵活性。

板条抹灰隔墙的构造是：按上下槛（50mm×100mm 方木）；在上下槛之间每隔 400～600mm 立垂直龙骨，断面为 30mm×70mm～50mm×

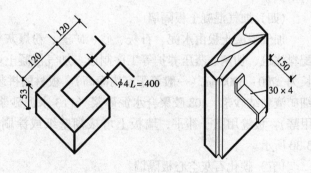

图 3-28　木砖

70mm；然后在竖龙骨中每隔 1.5m 左右加横撑或斜撑，增强框架的坚固与稳定。龙骨外侧钉板条，板条的厚×宽×长为 6mm×24mm×1200mm，板条外侧抹灰。为便于抹灰、保证拉结，板条之间应留有 7~8mm 的缝隙。灰浆应以石灰膏加少量麻刀或纸筋为主，外侧喷白浆，如图 3-29 所示。

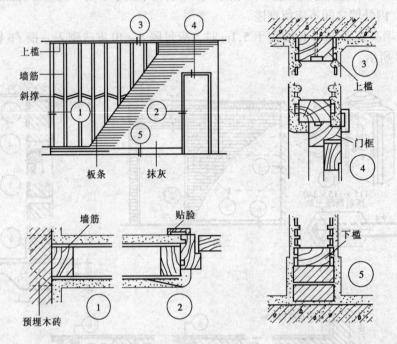

图 3-29　木板条隔断

在板条抹灰隔墙上设置门窗时，门窗洞口两侧的龙骨断面应加大，或采用双筋龙骨，利于加固。为防潮防水，隔墙下槛的下部可先砌 3~5 皮砖。

（三）钢丝网抹灰隔墙

钢丝网抹灰隔墙的构造与板条抹灰隔墙相似，所不同的是板条间距可稍大，并在板条外增加钢丝网，在钢丝网上抹灰。如果采用钢板网可将钢板网直接固定在槽钢骨架上，在钢板网上抹灰，省去板条。钢丝网和钢板网抹灰隔墙重量轻、强度高、变形小，多用于防潮、防火要求较高的部位。这种隔墙隔声能力差，不能用于隔声要求高的房间。

（四）加气混凝土板隔墙

加气混凝土板由水泥、石灰、砂、矿渣、粉煤灰等，加发气剂铝粉，经过原料处理、配料浇筑、切割、蒸压养护等工序制成。加气混凝土墙板厚为 125~250mm，宽为 600mm，长为 2700~3000mm（一般等于室内净高）。板材的拼装用粘结剂固定，粘结剂有水玻璃磨细矿渣粘结砂浆、108 胶聚合水泥砂浆（1:3 水泥砂浆中加入适量 108 胶，即聚乙烯醇缩甲醛）。板缝用腻子补平，墙板上可裱糊壁纸或涂刷涂料，加气混凝土板隔墙构造如图 3-30 所示。

（五）碳化石灰空心板隔墙

碳化石灰空心板长为 2700~3000mm（为房间净高），宽为 500~800mm，厚为 90~120mm。这种板是由磨细生石灰掺入 3%~4% 的短玻璃纤维，加水搅拌，成型后利用石灰窑产生的废气碳化而成。制作简单，不用钢筋，成本低，自重轻，干作业施工，有可加工

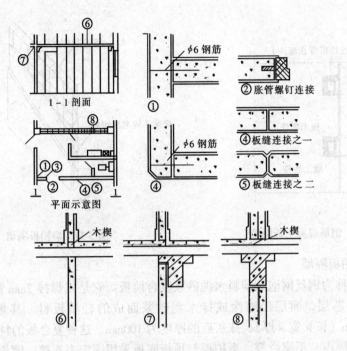

图 3-30 加气混凝土条板隔墙

性（可刨、锯、钉），有一定的防火和隔声能力。安装时板顶与上层楼板连接，可用木楔打紧，两块间可用水玻璃粘结剂连接，安装后刮腻子找平，碳化石灰空心板隔墙构造如图 3-31 所示。

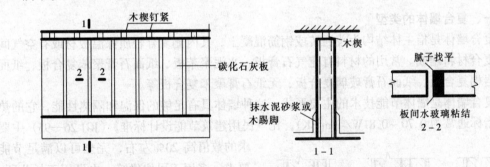

图 3-31 碳化石灰板

（六）石膏空心板隔墙

石膏空心板是以天然石膏或化学石膏为主要原料加入纤维材料（如玻璃纤维、稻壳、木屑等）制成。制作简便，防火、隔声、不被虫蛀、收缩性小，有可加工性。板厚一般为 90mm，石膏空心板如图 3-32 所示。

（七）钢筋混凝土板隔墙

这种隔墙采用普通的钢筋混凝土，四周加设埋件，与其他墙体采用焊接连接，如图 3-33 所示。

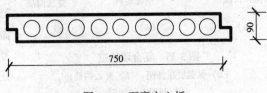

图 3-32 石膏空心板

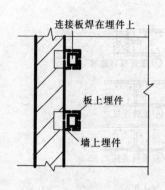

图 3-33　钢筋混凝土板隔墙

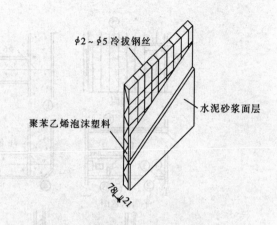

图 3-34　泰柏板隔墙

（八）泰柏板隔墙

泰柏板又称为钢丝网泡沫塑料水泥砂浆复合墙板。它是以焊接 2mm 钢丝网笼为构架，填充泡沫塑料芯层，面层经喷涂或抹水泥砂浆而成的轻质板材。其规格为 2440mm×1220mm×75mm（长×宽×厚），抹灰后的厚度为 100mm。这种复合板的特点是重量轻、强度高、防火、隔声、不腐烂等。泰柏板与顶板底板采用固定夹连接，墙板之间也采用固定夹连接。泰柏板隔墙构造如图 3-34 所示。

第四节　复　合　墙　体

一、复合墙体的类型

复合墙体是指主体结构为普通砖或钢筋混凝土，其内侧复合轻质保温板材或有空气间层的复合材料制成。常用的材料有充气石膏板、水泥聚苯板、纸面石膏聚苯复合板、纸面石膏岩棉复合板、纸面石膏玻璃复合板、无纸石膏聚苯复合板等。

复合墙体是墙体节能技术的主要形式，这种墙体具有足够的保温和隔热性能，它的热阻值指标通常为 0.70～0.81W/（m²·K），比《民用建筑节能设计标准》（JGJ 26—95）中要求的数值高 20% 左右，完全可以满足节能要求，多用于居住建筑，也可用于托儿所、幼儿园、医疗等小型公共建筑。

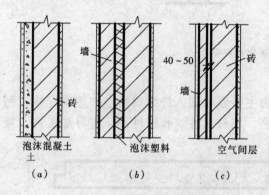

图 3-35　复合墙构造
（a）保温层在外侧；（b）夹心构造；
（c）利用空气间层

二、复合墙体的构造

在复合墙体中，主体结构采用黏土砖墙时，其墙厚度为 180mm 或 240mm；采用钢筋混凝土墙时，其墙厚度为 200mm 或 250mm。保温板材的厚度为 50～90mm，若做空气间层时，保温板材的厚度为 200mm。复合墙体的构成方法如图 3-35 所示。常用几种复合墙体的构造如下：

（一）纸面石膏板内保温复合外墙的

构造

纸面石膏板是一种新型建筑材料，它以石膏为主要材料，在板的两面粘贴具有一定抗拉强度的纸制成。纸面石膏板的特点是表观密度小、防火性能好、加工性能好、保温性能好和表面平整等。这种板材常作为保温板等多功能板与外墙共同构成复合墙体，以达到保温、隔热等效果。纸面石膏板内保温复合外墙的结构形式如图3-36所示。

（二）饰面聚苯板内保温复合外墙的构造

饰面聚苯板也是一种很好的保温材料，它的体积质量小、孔隙多，导热系数小，保温能力较强。这种板材常作为保温板与外墙共同构成复合墙体，以达到保温、隔热等效果。饰面聚苯板内保温复合外墙的结构形式如图3-37所示。

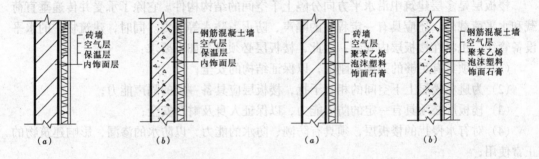

图 3-36　纸面石膏板内保温复合外墙　　　　图 3-37　饰面聚苯板内保温外墙
（a）砖墙；（b）钢筋混凝土墙　　　　　　　　（a）砖墙；（b）钢筋混凝土墙

复 习 思 考 题

1. 墙体的作用是什么？设计墙体时应满足哪些构造要求？
2. 墙体的分类方法有哪几种？常用墙体的材料有哪些？
3. 画图说明墙体结构布置方案有哪几种？各自的优缺点是什么？各适用于什么情况？
4. 砖墙的基本尺寸包括哪些内容？决定砖墙的基本尺寸应考虑哪些因素？
5. 实砌砖墙与空斗砖墙各有哪些砌式？其构造特点如何？
6. 墙身防潮层有哪几种做法？其构造要求如何？
7. 勒脚、散水、明沟的做法有哪几种？
8. 试述过梁的作用与种类。
9. 试述隔墙的种类与常用隔墙的构造。
10. 墙体变形缝包括哪些内容？各自的构造要求如何？
11. 墙体装修的作用如何？举例说明几种常见内外墙体装修的构造做法。
12. 什么是复合墙体？它有什么特点？

第四章 楼板层与地坪

第一节 楼板层的组成与要求

一、楼板层的要求

楼板层是多层建筑中沿水平方向分隔上下空间的结构构件。它除了承受并传递垂直荷载和水平荷载外，还应具有一定程度的隔声、防火、防水等能力。同时，建筑物中的水平设备管线，也将在楼板层内安装。因此，楼板层必须具备如下要求：

（1）必须具有足够的强度和刚度，以保证结构的安全；

（2）为避免楼层上下空间的相互干扰，楼板层应具备一定的隔声能力；

（3）楼板层必须具有一定的防火能力，以保证人身及财产安全；

（4）对有水侵扰的楼板层，须具有防潮、防水的能力，以防水的渗漏，影响建筑物的正常使用；

（5）在楼板层的设计中，必须仔细考虑便于敷设各种设备管线。

二、楼板层的组成

为了满足楼板层的使用功能要求，一幢现代化多层建筑的楼板层通常由以下几部分组成，如图 4-1 所示。

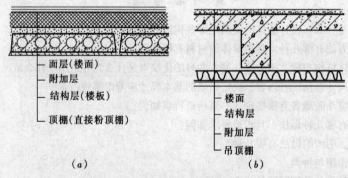

图 4-1 楼板层的基本组成

（a）预制钢筋混凝土楼板层；（b）现浇钢筋混凝土楼板层

1. 楼板面层

又称楼面或地面。起着保护楼板层、分布荷载和各种绝缘的作用。同时也对室内装修起重要作用。

2. 楼板结构层

它是楼板层的承重部分，包括板和梁。主要功能在于承受楼板层上的全部静、活荷载，并将这些荷载传给墙或柱；同时还对墙身起水平支撑作用，帮助墙身抵抗和传递由风或地震等所产生的水平力，以增强建筑物的整体刚度。

3. 附加层

又称功能层，主要用以设置满足隔声、防水、隔热、保温等绝缘作用的部分，是现代楼板结构中不可缺少的部分。

4. 顶棚层

它是楼板层的下面部分，主要用以保护楼板、安装灯具、遮掩各种水平管线设备以及装修室内。

第二节 楼板的类型与构造

一、楼板的类型

根据所采用的材料不同，楼板可分为木楼板、砖拱楼板、钢筋混凝土楼板以及钢衬板楼板等多种形式，如图4-2所示。

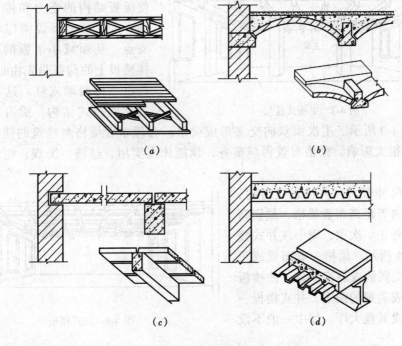

图4-2 楼板的类型
（a）木楼板；（b）砖楼板；（c）钢筋混凝土楼板；（b）钢衬板楼板

木楼板具有自重轻、构造简单等优点，但其耐火和耐久性均较差，为节约木材，除产木地区外现已极少采用。

砖拱楼板可节约钢材、水泥和木材，曾在缺乏钢材、水泥的地区采用过。由于它自重大承载能力差，且对抗震不利，加上施工较繁，现已趋于不用。

钢筋混凝土楼板具有强度高，刚度好，既耐久又耐火，还具有良好的可塑性，且便于工业化生产和机械化施工等特点，是目前我国工业与民用建筑中楼板的基本形式。近年来，由于压型钢板在建筑上的应用，于是出现了以压型钢板为底模的钢衬板楼板。

二、现浇钢筋混凝土楼板构造

现浇钢筋混凝土楼板是在施工现场通过支模、绑扎钢筋、浇筑混凝土、养护等工序而成型的楼板。它具有整体性好、抗震性好，板内易于敷设电气管线等优点，但有模板用量大、工序繁多、施工期长、湿作业等缺点。

现浇钢筋混凝土楼板按受力和传力情况分板式楼板、梁板式楼板、无梁楼板和钢衬板楼板等。

（一）板式楼板

在墙体承重建筑中，当房间尺度较小，楼板上的荷载直接靠楼板传给墙体，这种楼板称板式楼板。它多适用于跨度较小的房间或走廊（如居住建筑中的厨房、卫生间以及公共建筑的走廊等）。它有占建筑空间小、天棚平整、施工支模简单的优点，但板的跨度超过一定范围时不经济。

（二）梁板式楼板

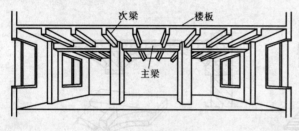

图 4-3　梁板式楼板

当房间的空间尺度较大，为使楼板结构的受力和传力较为合理，常在楼板下设梁以增加板的支点，从而减小了板的跨度。这样楼板上的荷载是先由板传给梁，再由梁传给墙或柱。这种楼板结构称梁板式结构。梁有主、次梁之分，如图 4-3 所示。主次梁双向交叉形成梁格。合理布置梁格对建筑的使用、造价和美观等有很大影响。梁格布置得越整齐，越能体现实用、经济、美观，也符合施工方便的要求。

当房间尺寸较大，并接近正方时，常沿两个方向等距离布置梁格，截面高度相等，不分主、次梁，则形成井式楼板，如图 4-4 所示。梁格一般布置成正交正放、正交斜放或斜交斜放，使楼板下部自然构成美观的图案。井式楼板一般用于门厅或其他大厅，厅中一般不设柱。

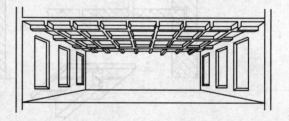

图 4-4　井式楼板

（三）无梁楼板

无梁楼板是框架结构中将板直接支承在柱子上且不设梁的结构，如图 4-5 所示。楼板的四周可支承在墙上也可支承在边柱的圈梁上，或是悬臂伸出边柱以外。为了增大柱子的支承面积和减小板的跨度，在板的顶部设柱帽和托板。无梁楼板柱网一般为正方形或矩形，以正方形最为经济。

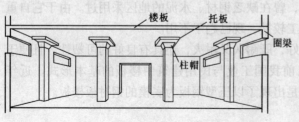

图 4-5　无梁楼板

无梁楼板的优点是顶棚平整、室内净高增大、采光通风良好，多用于楼层荷载较大的商场、仓库、展览馆等。

（四）压型钢板组合楼板

压型钢板组合楼板是以衬板与混

凝土浇筑在一起构成的整体式楼板结构。钢衬板起到现浇混凝土的永久性模板作用，同时由于在其上加肋条或压出凹槽，能与混凝土共同工作，压型钢板起到配筋作用。压型钢板组合楼板已在大空间建筑和高层建筑中采用，它简化了施工程序，加快了施工进度，并且有现浇式钢筋混凝土楼板刚度大、整体性好的优点。此外，还可利用压型钢板肋间空间敷设电力或通讯管线。

压型钢板组合楼板的基本组合构造形式如图4-6所示，它是由钢梁、压型钢板和现浇混凝土组成。压型钢板双面镀锌，截面一般为梯形，板薄却刚度大。为进一步提高承载能力和便于敷设管线，采用压型钢板下加一层钢板或由两层梯形板组合成箱形截面的组合压型钢板，如图4-7所示。

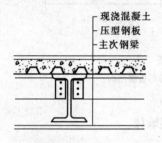

图4-6 压型钢板组合楼板

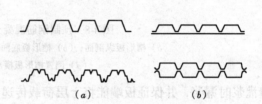

图4-7 压型钢板截面形式
（a）梯形截面；（b）箱形截面

三、预制装配式钢筋混凝土楼板构造

预制装配式钢筋混凝土楼板是指用预制厂生产或现场制作的构件安装拼合而成的楼板。采用预制装配式钢筋混凝土楼板大大提高了工业化施工水平、节约模板、简化施工程序、大幅度缩短工期。

预制装配式钢筋混凝土楼板的类型有实心平板、槽形板和空心板三种。

（一）实心平板

实心平板上下板面平整，制作简单，宜用于跨度小的走廊板、楼梯平台板、阳台板等。板的两端支承在墙或横梁上，板厚一般为50～80mm，跨度在2.4m以内为宜。

（二）槽形板

槽形板是一种梁板合一的构件，即在实心板两端设纵肋，构成槽形截面。它具有自重轻、省材料、造价低、便于开孔等优点。槽形板有正槽板和倒槽板两种。正槽板肋在下，受力合理、充分发挥了混凝土良好的抗压性能。但它的截面不封闭，底面有肋不平整，顶棚不美观，且易于积灰，又因板面薄，隔声差，一般用于观瞻要求不高的房间，或在其下做吊顶。倒槽板的肋向上，其受力与经济性不如正槽板，但它能提供平整的天棚，槽内常填充轻质材料作保温、隔声之用，如图4-8所示。

（三）空心板

空心板板腹抽孔，上下板面平整，便于做楼面和天棚，较实心平板经济、刚度好。空心板孔洞形状有圆形、长圆形和矩形等，以圆孔板的制作最为方便，应用最广，如图4-9所示。空心板的厚度根据跨度大小有110mm、120mm、180mm和240mm等，板宽有500mm、600mm、900mm、1200mm等。在安装时，空心板孔两端常用砖或混凝土填塞，以

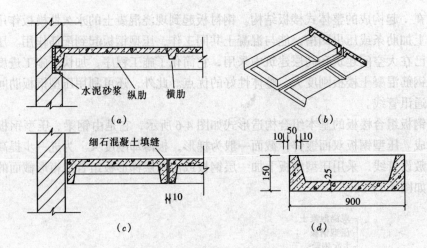

图 4-8　预制钢筋混凝土槽形板

（a）槽形板纵剖面；（b）槽形板底面；（c）槽形板横剖面；
（d）倒置槽形板横剖面

免端缝灌浆时漏浆，并保证板端能将上层荷载传递至下层墙体。

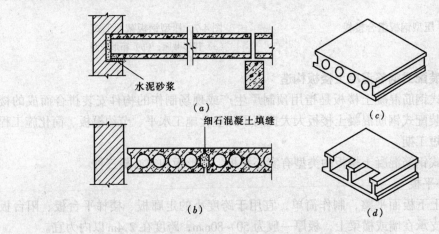

图 4-9　预制空心板

（a）纵剖面；（b）横剖面；（c）剖面形式；（d）端头形式

第三节　地坪的构造

一、地坪的组成

地坪是指建筑物底层与土壤相接触的结构构件，和楼板层一样，它承受着地坪上的荷载，并均匀传给地基。

地坪由面层和基层两部分构成。基层主要是结构层，在地基较差时为加固地基增设垫层。对有特殊要求的地坪，常在面层与结构层之间增设附加层，如图 4-10 所示。

1. 地坪的面层

地坪的面层又称地面，是地坪层最上部分，也是人们经常接触的部分，同时也对室内

起装饰作用。根据使用和装修要求的不同，有各种
不同做法。

2. 地坪的结构层

地坪的结构层是地坪的承重和传力部分，通常
采用 C10 混凝土制成，其厚度一般为 80～100mm。

3. 地坪的垫层

垫层为结构层与地基之间的找平层或填充层，
主要起加强地基、帮助结构层传递荷载的作用。对
地基条件较好且室内荷载不大的建筑，一般可不设
垫层；而对某些室内荷载较大且地基又较差的并且
有保温等特殊要求的，或面层材料本身就是结构层
的以及装修标准较高的建筑，其地坪的下面一般都

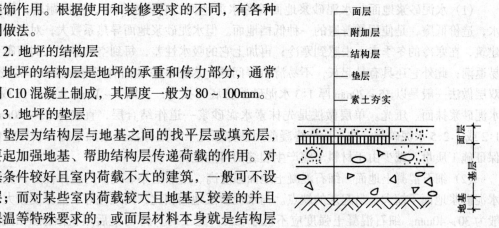

图 4-10　地坪构造

设置垫层。垫层可以就地取材，如北方可以用灰土或砂石，南方多用碎砖或碎石，也有的
采用三合土作垫层。垫层均须夯实。

4. 地坪的附加层

附加层主要是为满足某些特殊使用要求而设置的某些层次，如结合层、保温层、防水
层、埋管线层等。

二、地坪的构造

楼板层的面层和地坪的面层在构造和要求上是一致的，均属室内装修的范畴，统称地
面。

（一）对地面的要求

地面是人们日常生活、工作、生产、学习时，必须接触的部分，也是建筑中直接承受
荷载，经常受到摩擦、清洗和冲洗的部分，因此对它应有一定的要求。

（1）具有足够的坚固性，即要求在外力作用下不易破坏和磨损。

（2）表面平整、光洁、不起尘、易于清洁。

（3）有良好的热工性能，要求材料的导热系数小，以便冬季在上面行走时不致感到寒
冷。

（4）具有一定的弹性。使行走时不致有过硬的感觉，有弹性的地面对减少噪声有
利。

（5）有特殊要求的地面则应有如下要求：对有水作用的房间，要求地面能抗潮湿，不
透水；对有火源的房间，要求地面防火、耐燃；对有酸、碱腐蚀的房间，则要求地面具有
防腐蚀的能力。

总之，在设计地面时应根据房间使用功能的要求，选择有针对性的材料，提出适宜的
构造措施。

（二）地面的类型及构造

地面的名称是以其面层所用材料而命名的。按面层所用材料和施工方式不同，常见地
面可分为以下几类：

1. 整体类地面

整体类地面包括水泥砂浆、细石混凝土、水磨石及菱苦土地面等。

（1）水泥砂浆地面　水泥砂浆地面简称水泥地面。它构造简单，坚固耐磨，防潮防水，造价低廉，是使用最普遍的一种低档地面。但水泥砂浆地面导热系数大，对不采暖的建筑，在寒冷的冬季走上去感到寒冷；再加上它的吸水性差，每到空气湿度大的黄霉天容易返潮；此外它还具有易起灰，不易清洁等问题。水泥砂浆地面有双层做法和单层做法。双层做法一般是以 15～20mm 厚 1:3 水泥砂浆打底、找平，再以 5～10mm 厚 1:1.5 或 1:2 水泥砂浆抹面、压光。单层做法是先抹素水泥砂浆一道作结合层，直接抹 15～20mm 厚 1:2 或 1:2.5 水泥砂浆，抹平后待终凝前用铁抹压光。双层做法虽增加了施工程序，但易保证施工质量，减少由于材料干缩产生裂缝的可能性。

（2）细石混凝土地面　细石混凝土地面强度高、干缩值小、地面的整体性好，克服了水泥砂浆地面干缩大、易起灰的缺点。与水泥砂浆地面相比，耐久性好，但厚度较大，一般为 30～40mm。细石混凝土强度应不低于 C20，施工时，待初凝后用铁滚滚压出浆水，终凝前再用铁抹压光或洒水泥粉压光。

（3）水磨石地面　水磨石地面平整光滑、整体性好、不起灰、防水、易于保持清洁，其造价较水泥砂浆地面高，黄霉天也易返潮。常用做公共建筑的门厅、走廊、楼梯以及卫生间的地面。

2. 镶铺类地面

凡利用各种预制块材或板材镶铺在基层上的地面称镶铺类地面。这类地面花色品种繁多，经久耐用，易保持清洁，但造价偏高，工效低，属于中高档装修。主要用于人流量大、耐磨损、清洁要求高或经常有水比较潮湿的场所。包括砖块地面、人造石板和天然石板地面、陶瓷砖地面及木地面。镶铺类地面的构造如图 4-11～图 4-14 所示。

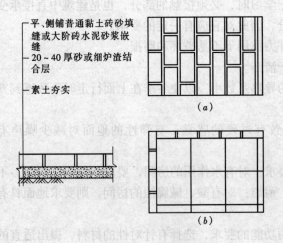

图 4-11　黏土砖铺地
（a）铺普通黏土砖；（b）铺大阶砖

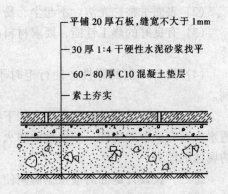

图 4-12　石板地面

3. 粘贴类地面

粘贴类地面以粘贴卷材为主，常见的有橡胶地毡、塑料地毡及无纺织地毯等。这些材料表面美观、干净、装饰效果好，具有良好的保温、消声性能，适用于公共建筑和居住建筑。

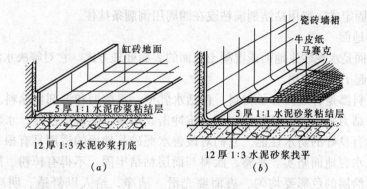

图 4-13 陶瓷砖地面

（a）缸砖地面；（b）马赛克地面

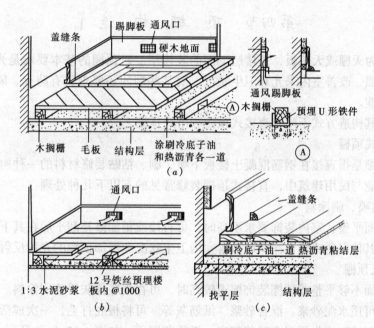

图 4-14 实铺式木地面

（a）双层木地板；（b）单层木地板；（c）黏贴式木地板

橡胶地毡是以橡胶粉为基料，掺入软化剂在高温高压下解聚后，再加入着色补强剂，经混炼、塑化、压延成卷的地面装修材料。它耐磨、防滑、耐湿、绝缘、吸声并富有弹性。

塑料地毡是以聚乙烯树脂为基料，加入增塑剂、填充料、稳定剂、颜料等经塑化热压而成。塑料地毡地面色彩丰富、装饰性强、耐湿性好、耐磨、富有弹性，且价格较低，是经济的地面铺材。缺点是不耐高温、怕明火、易老化。塑料地毡可干铺，也可同片材一样，用粘结剂粘贴在水泥砂浆找平层上即可。

无纺织地毯类型较多。常见的有化纤无纺织针刺地毯、黄洋麻纤维针刺地毯和纯羊毛无纺织地毯等。这类地毯加工精细、平整丰满、图案典雅、色调宜人，具有柔软舒适、清洁吸声、美观适用等特点，是美化装饰房间的最佳材料之一。有局部、满铺和干铺、固定等不同铺法。固定式一般用粘结剂满粘或在四周用倒刺条挂住。

4. 涂料类地面

涂料类地面是水泥砂浆地面或混凝土地面的表面处理方式。它对解决水泥地面易起灰和美观等问题起了重要作用。

常用的涂料都是合成高分子材料，包括水乳型、水溶型和溶剂型涂料。这些涂料与水泥表面的粘结力强，具有良好的耐磨、抗冲击、耐酸、耐碱等性能，水乳型涂料和溶剂型涂料还具有良好的防水性能。它们对改善水泥砂浆地面的适用具有根本性意义。涂料类地面要求水泥地面坚实、平整，涂料与面层粘结牢固，不得有掉粉、脱皮、开裂等现象。同时，涂层的色彩要均匀，表面要光滑、洁净，给人以舒适、明净、美观的感觉。

第四节 顶 棚 构 造

顶棚又称为天棚或天花板，是楼层下面的装修层。对顶棚的基本要求是光洁、美观，且能起反射光照、改善室内采光和卫生状况。对某些房间还要求具有防火、隔声、保温、隐蔽管线等功能。

顶棚按照其构造方式不同有直接式顶棚和吊式顶棚之分。

一、直接式顶棚

直接式顶棚是指直接在钢筋混凝土楼板下喷、刷、粘贴装修材料的一种构造方式。多用于大量性工业与民用建筑中，直接式顶棚装修常见的有以下几种处理：

（一）直接喷、刷涂料

当楼板底面平整、室内装饰要求不高时，可直接或稍加修补刮平后在其下喷或刷石灰浆、大白浆或其他白色或浅色涂料以改善室内卫生状况和增加顶棚的光线反射能力。

（二）抹灰顶棚

当楼板底面不够平整或顶棚装饰要求较高时，可在板底抹灰后喷刷涂料。

顶棚抹灰可用水泥砂浆、混合砂浆、纸筋灰等。可将板底打毛，一次成活，也可分两次抹灰。纸筋灰抹灰应先用混合砂浆打底，纸筋灰罩面。如图4-15（a）所示。

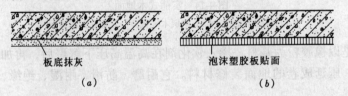

板底抹灰　　　　　　　　泡沫塑胶板贴面

（a）　　　　　　　　　　（b）

图4-15　直接式顶棚
（a）抹灰装修；（b）粘贴装修

顶棚抹灰不宜太厚，总厚度控制在 10～15mm。

（三）贴面顶棚

某些有保温、隔热、吸声要求的房间以及天棚美观要求较高的房间，可于楼板底面直接粘贴装饰墙纸、泡沫塑料板、岩棉板、铝塑板等。这些材料均借助于粘结剂粘贴。如图4-15（b）所示。

二、吊式顶棚

吊式顶棚简称吊顶。在现代建筑中，为提高建筑物的使用功能，除照明、给排水管道、煤气管需安装在楼板层中外，空调管、灭火喷淋、感知器、广播设备等管线及其装置，均需安装在顶棚上。为处理好这些设施，往往必须借助于吊顶棚来解决。吊顶依其所用材料、装修标准以及防火要求的不同有木质骨架和金属骨架之分，如图4-16所示。

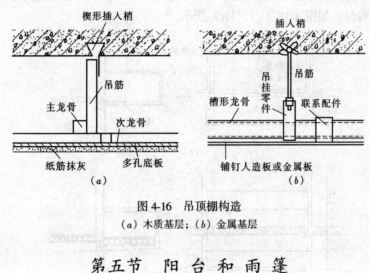

图 4-16　吊顶棚构造
（a）木质基层；（b）金属基层

第五节　阳台和雨篷

一、阳台

阳台是楼房建筑中，各层房间与室外接触的平台。人们可以在阳台上休息、眺望或从事家务活动。按阳台与外墙相对位置和结构处理的不同，可有挑阳台、凹阳台和半挑半凹阳台等几种形式，如图4-17所示。

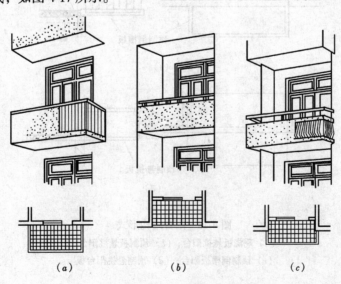

图 4-17　阳台形式
（a）挑阳台；（b）凹阳台；（c）半挑半凹阳台

（一）阳台结构布置

阳台结构形式及其布置应与建筑物的楼板结构布置统一考虑。有现浇与预制之分。当楼板是现浇时，阳台亦用现浇如图 4-18（a）所示；当楼板是预制时，阳台也多用预制阳台。当采用与楼板相同的构件铺阳台时，阳台板尺寸应以房间开间尺寸进行布置为宜。这对阳台的结构较为有利，它可以利用承重的内墙解决阳台板的倾覆问题。阳台板的荷载借助于承重内墙中的悬挑梁来支承，如图 4-18（b）所示。亦可采用预制倒槽板或内外平衡的预制板悬挑阳台，如图 4-18（c）、（d）所示。

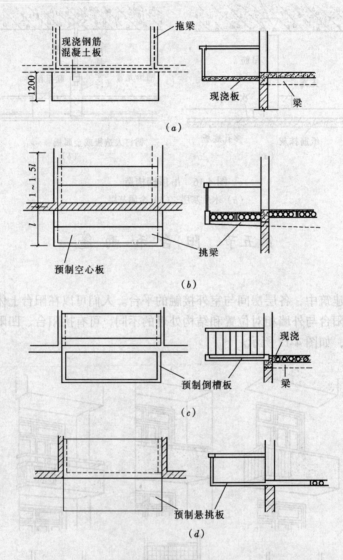

图 4-18　阳台结构形式
（a）现浇板悬挑阳台；（b）预制板悬挑阳台；
（c）预制倒槽板阳台；（d）预制悬挑阳台板

（二）阳台细部构造

1. 栏杆形式

56

阳台栏杆是在阳台外围设置的垂直构件，其作用有二：一是承担人们倚扶的侧向推力，以保障人身安全，二是对建筑物起装饰作用。因此，作为栏杆既要考虑安全，如多层住宅栏杆扶手处净高不小于 1.05m，高层住宅栏杆扶手处净高不小于 1.10m；又要注意美观。从外形上看，栏杆有实体和镂空之分。实体栏杆又称栏板，镂空栏杆其垂直杆件之间的净距离不大于 110mm。从材料上，栏杆有砖砌栏板、钢筋混凝土栏杆和金属栏杆之分，如图 4-19 所示。

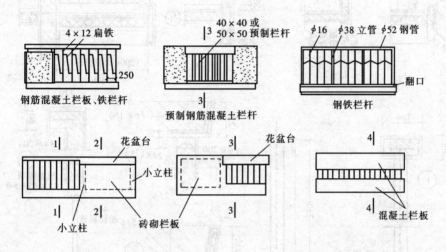

图 4-19　各种栏杆、栏板形式

2. 细部构造

阳台细部构造主要包括栏杆与扶手、栏杆与面梁、栏杆与阳台板、栏杆与花盆台的连接，以及栏杆、栏板的处理。

镂空栏杆中有金属栏杆和混凝土栏杆之分。金属栏杆采用钢筋、方钢、扁钢或钢管等，钢栏杆与面梁上的预埋钢板焊接，如图 4-20 节点Ⓒ所示。

钢栏杆与扶手或栏板连接方式相同，如图 4-20 节点Ⓑ、Ⓓ所示。金属栏杆需作防锈处理。预制混凝土栏杆要求钢模制作，使构件表面光洁、棱角方正、安装后不做抹面，根据设计加刷涂料或油漆。混凝土栏杆可插入面梁或扶手模板内现浇混凝土的方法固接，如图 4-20 节点Ⓕ所示。

栏板有砖砌与现浇混凝土或预制钢筋混凝土板之分。砖砌栏板有顺砌和侧砌两种，无论哪种，为确保安全，应在栏板中配置通长钢筋并现浇混凝土扶手，如图 4-20 节点Ⓔ所示，也可设置构造小柱与现浇扶手固接。对预制钢筋混凝土栏板则用预埋钢板焊接。

现浇混凝土栏板经支模、扎筋后，与阳台板或面梁、挑梁一起整浇。

栏板两面需饰面处理，可采用抹灰或涂料，也可粘贴面砖，但不宜做水刷石、干粘石之类饰面。

阳台扶手宽一般至少 120mm，当上面放置花盆时，其宽至少 250mm，且外侧应有栏板。外作水泥砂浆抹灰或涂料、粘贴面砖，如图 4-20 节点Ⓐ、Ⓓ、Ⓔ、Ⓕ所示。

3. 阳台排水

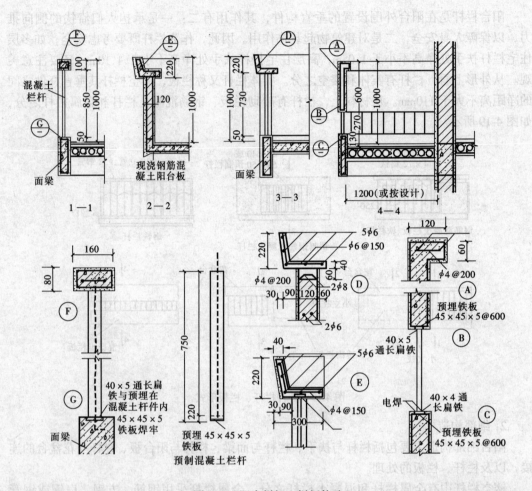

图 4-20　阳台栏杆、栏板构造

由于阳台外露，室外雨水可能飘入，为防止雨水从阳台上泛入室内，设计中应将阳台地面标高低于室内地面 30~50mm，并在阳台一侧栏杆下设排水孔，地面用水泥砂浆粉出排水坡度，将水导向排水孔并向外排除。孔内埋设 $\phi40$ 或 $\phi50$ 镀锌钢管或塑料管。通入水落管排水如图 4-21（a）所示。当用管口排水的，管口水舌向外挑出至少 80mm，以防排水时水溅到下层阳台，如图 4-21（b）所示。

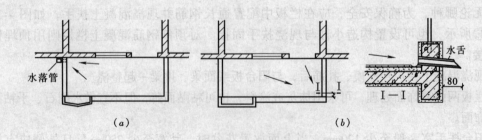

图 4-21　阳台排水处理
（a）水落管排水；（b）排水管排水

二、雨篷

雨篷是建筑物入口处和顶层阳台上部用以遮挡雨水、保护外门免受雨水侵蚀的水平构件。雨篷多为钢筋混凝土悬挑构件，大型雨篷下常加立柱形成门廊。

较小的雨篷常为挑板式，挑出长度一般以 1～1.5m 较为经济。挑出长度较大时，一般做成梁板式雨篷，梁从楼梯间或门厅两侧墙体挑出。为使底面平整，可将挑梁上翻。梁端留出泄水孔如图 4-22（b）所示。

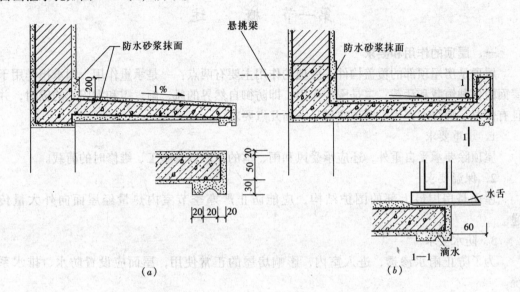

图 4-22 雨篷构造
（a）板式雨篷；（b）梁板式雨篷

由于雨篷承受的荷载不大，因此雨篷板的厚度较薄，通常还做成变截面形式。采用无组织排水方式，在板底周边设滴水，如图 4-22（a）所示。梁板式雨篷为防止水舌堵塞而在上部积水，出现渗漏，在雨篷顶部及四周需作防水砂浆抹面，形成泛水，如图 4-22（b）所示。

复习思考题

1. 楼板层的作用和设计要求是什么？
2. 楼板层由哪些层次组成？各层的作用是什么？
3. 现浇式钢筋混凝土楼板有什么特点？有哪些基本形式？
4. 地坪包括哪些层次？各层的作用是什么？
5. 对地面的基本要求是什么？按面层所用材料和施工方式不同，常见地面可分为哪几类？
6. 阳台有哪些类型？

第五章 屋 顶

第一节 概 述

一、屋顶的作用和要求

屋顶是房屋顶部的覆盖构件，屋顶的作用主要有两点：一是承重作用，即承担作用于屋面的各种恒载和活载；二是围护作用，即防御自然界的风、雨、雪和太阳光的辐射，并且有保温、隔热的作用。屋顶应满足下面几点要求：

1. 承重要求

屋顶除要承受自重外，还应承受风和雨、雪的荷载以及施工、维修时的荷载。

2. 保温要求

屋面是房屋最上部的围护结构，应能防止严寒季节室内热量经屋面向外大量传递。

3. 防水要求

为了防止雨水渗透，进入室内，影响房屋的正常使用，屋面应设置防水、排水系统。

4. 美观要求

屋顶是建筑物外观类型的反映。屋顶的形式、所用材料及颜色均与美观有关。

二、屋顶的类型

屋顶的外形是多种多样的，各种形式的屋顶大体可归纳为平屋顶、坡屋顶和其他形式屋顶。如图 5-1 所示。

1. 平屋顶

坡度在 2%～5%的屋顶叫平屋顶。平屋顶的坡度有两种方法形成，一是材料找坡，即选用轻质材料作找坡层，有保温层时，可利用屋面保温层找坡。二是结构找坡，即屋面板倾斜搁置而形成坡度，顶棚是倾斜的。屋面板以上各层厚度不变化。

2. 坡屋顶

坡度在 10%～100%的屋顶叫坡屋顶。坡屋顶的形式包括单坡、双坡、四坡、歇山式、折板式等多种形式。坡屋顶的坡度通常由结构构件本身做成一定坡度而形成。

3. 其他形式的屋顶

如拱屋顶、薄壳结构屋顶、网架结构屋顶、悬索结构屋顶等。这类屋顶多用于跨度较大的建筑。

三、屋顶的基本组成

屋顶由屋面、承重结构、保温（隔热）层和顶棚等部分组成，如图 5-2 所示。

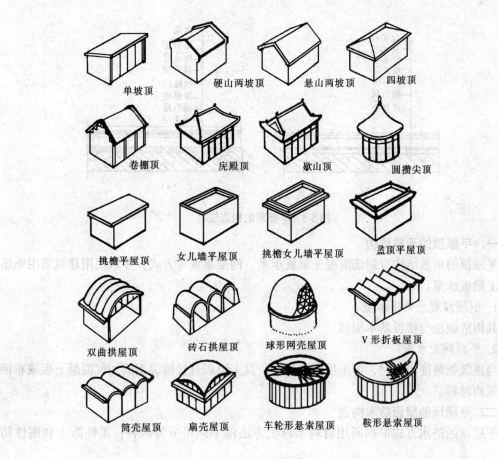

单坡顶　　硬山两坡顶　　悬山两坡顶　　四坡顶

卷棚顶　　庑殿顶　　歇山顶　　圆攒尖顶

挑檐平屋顶　　女儿墙平屋顶　　挑檐女儿墙平屋顶　　盝顶平屋顶

双曲拱屋顶　　砖石拱屋顶　　球形网壳屋顶　　V形折板屋顶

筒壳屋顶　　扇壳屋顶　　车轮形悬索屋顶　　鞍形悬索屋顶

图 5-1　屋顶的类型

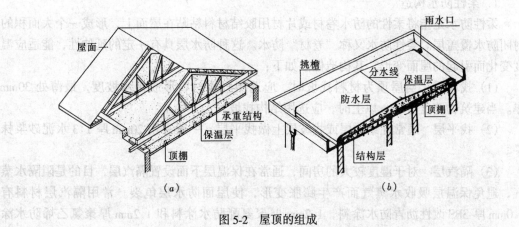

（a）　　　　　　　　　　　　　（b）

图 5-2　屋顶的组成
（a）坡屋顶的组成；（b）平屋顶的组成

第二节　平屋顶的构造

平屋顶的构造组成分为上人屋顶和不上人屋顶两种，如图 5-3 所示。

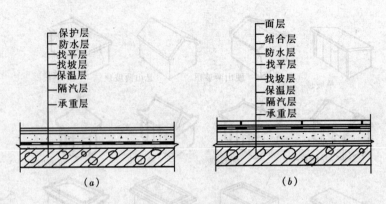

图 5-3 平屋顶的构造层次

一、平屋顶的承重结构

平屋顶的承重结构有钢筋混凝土梁板承重、网架承重等方式。多数民用建筑采用钢筋混凝土梁板承重。

1．钢筋混凝土梁板承重

其构造做法与楼板基本相似。

2．平面网架承重

当建筑物跨度较大时，可采用网架承重，其上可以直接铺设钢筋加气混凝土板或彩钢板等屋面材料。

二、平屋顶的屋面防水构造

平屋顶的防水方式根据所用材料及施工方法的不同可分为两种：柔性防水和刚性防水。

1．柔性防水构造

柔性防水是指将柔性的防水卷材或片材用胶结材料粘贴在屋面上，形成一个大面积的封闭防水覆盖层。柔性防水又称"卷材"防水。这种防水层具有一定的延伸性，能适应温度变化而引起的屋面变形。其构造做法如下：

（1）找坡层　当屋顶为材料找坡时，应选用轻质材料形成排水坡度，最薄处 30mm 厚。当建筑物跨度为 18m 以上时，应选用结构找坡。

（2）找平层　通常在结构层或找坡层上做找平层，一般采用 20mm 厚 1:3 水泥砂浆抹平。

（3）隔汽层　对于湿度较大的房间，通常在保温层下面设置隔汽层，目的是阻隔水蒸气，避免保温层吸收水蒸气而产生膨胀变形，使屋面防水层龟裂。常用隔汽层材料有 2.0mm 厚 SBS 改性沥青防水涂料，1.2mm 厚聚氨酯防水涂料和 1.2mm 厚聚氯乙烯防水涂料几种。

（4）防水层　目的是防止屋顶雨水渗漏。卷材可采用空铺法、点粘法、条粘法和满粘法铺贴。铺贴卷材时，应从屋檐开始平行于屋脊由下向上铺设，上下边搭接 80～120mm，左右边搭接 100～150mm。如图 5-4 所示。

（5）保护层　保护层是防止防水层直接受风吹日晒后开裂、漏雨而铺设的。如果是不上人屋顶，采用铝银粉涂料保护层。如果是上人屋顶，可用水泥砂浆铺贴块材，如水泥花

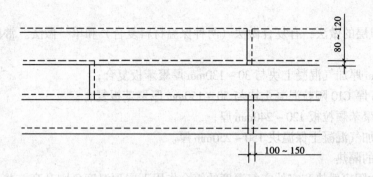

图 5-4 卷材的搭接

砖、缸砖、混凝土预制块等，也可用现浇 40mm 厚的 C20 细石混凝土等。

2．刚性防水构造

平屋顶除了采用柔性防水材料做防水层外，还可以采用刚性材料做防水层。具体做法是用适当级配的豆石混凝土，并在其中配 $\phi4@200$ 的双向钢筋网，使用这种密实的混凝土做防水层，其厚度为 30～50mm，为了防止防水层开裂，通常应设置分仓缝，如图 5-5 所示。

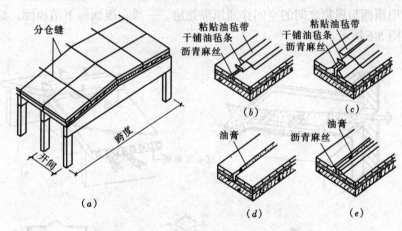

图 5-5　刚性防水屋面分仓缝的布置和做法
（a）分仓缝的布置；（b）平缝油毡盖板；（c）凸缝油毡盖缝；
（d）平缝油膏嵌缝；（e）凸缝油膏嵌缝

三、平屋顶的保温与隔热构造

屋顶是建筑物的外围护结构，应根据建筑物的使用性质和气候条件，采取相应的保温或隔热构造处理。

1．屋顶的保温

北方地区冬季采暖时，室内温度高于室外温度，室内热量将通过围护结构向室外散失，围护结构必须有足够的保温能力，以使室内热量不致散失太快，同时也应避免围护结构的内部和内表面产生凝结水。为此需在屋顶构造中加设保温层。其厚度应按当地气象资料计算而得。

（1）屋面保温材料：屋面保温材料一般多选用孔隙多、表面密度轻、导热系数小的材料。通常分为松散类、整体类和板块类三种。如膨胀珍珠岩、加气混凝土块、水泥聚苯颗粒板等。

（2）保温层的做法：有复合做法（两种保温材料复合）和单一做法。常用的做法有以下几种：

1）100mm 厚加气混凝土块与 30~130mm 厚聚苯板复合；

2）60mm 厚 C10 陶粒混凝土块与 50~150mm 厚聚苯板复合；

3）水泥聚苯颗粒板 120~240mm 厚；

4）特制加气混凝土保温块 150~250mm 厚。

2．屋顶的隔热

夏季在太阳辐射热和室外空气温度的综合作用下屋顶温度急剧升高，并通过屋顶传入室内，影响房屋的正常使用。必须从构造上减少太阳辐射热直接作用于屋顶表面。其构造做法主要有通风隔热、蓄水隔热、植被隔热、反射隔热等。

（1）通风隔热屋面：是在屋顶设置通风的空气间层，其上层表面可遮挡太阳辐射热，由于风压和热压作用，把间层中的热空气不断带走，使下层板面传至室内的热量大为减少，以达到隔热、降温的目的。这种做法又分为架空通风隔热屋面和顶棚通风隔热屋面。架空通风隔热屋面是在屋面防水层上用适当的材料或构件制品作架空隔热层；顶棚通风隔热屋面是利用顶棚与屋顶之间的空间作通风隔热层，一般在屋面板下吊顶棚，檐墙上开设通风口。如图 5-6 所示。

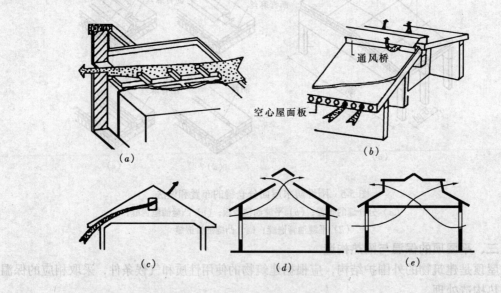

图 5-6　顶棚通风隔热屋面

（a）在外墙上设通风孔；（b）从空心屋面板孔洞中通风；（c）山墙及檐口设通风孔；
（d）在外墙和天窗设通风孔；（e）在顶棚和天窗设通风孔

（2）蓄水隔热屋面：就是在平屋顶上蓄一层水，利用水蒸发时，大量带走水层中的热量，从而降价屋面温度达到降温、降热的目的。

（3）植被隔热屋面：在平屋顶上种植植物，借助于栽培介质及植物吸收阳光进行光合作用和遮挡阳光的双重功能来达到隔热降温的目的。

（4）反射降温隔热屋面：利用表面材料的颜色和光滑度对热辐射的反射作用，当屋面受到太阳辐射后，将部分热量反射出去，从而达到降低室内温度的目的。例如采用浅颜色的砾石铺面，或在屋面上涂刷一层白色涂料，对隔热降温均可起到显著作用。

四、平屋顶的排水

平屋顶排水方式分为无组织排水和有组织排水两类。

1. 无组织排水

雨水顺着屋面流下并从屋檐直接落到地面上的排水方式称为无组织排水或自由落水。无组织排水的檐部要挑出，做成挑檐。这种排水方式的屋面构造简单，造价较低，排水顺畅，但雨水易飘落到墙面上沿墙漫流，使墙面污染。故适用于雨水量较少且屋檐高度不大（年降雨量≤900mm，檐口高度不超过10m及次要建筑）的地区。如图5-7所示。

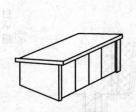

图5-7　无组织排水　　　　　　　　图5-8　有组织外排水

2. 有组织排水

有组织排水就是指雨水经屋面分水线有组织地疏导至落水口排至落水管，再经敷设于外墙或室内的落水管排到地面或排入地下管道。当房屋较高或年降雨量较大时，或者对于一些重要性建筑应采用有组织排水，以避免因雨水自由下落对墙面冲刷，影响房屋的耐久性和美观。

依雨水管的位置不同，有组织排水分外排水和内排水两种方式。

（1）外排水　外排水是在屋顶设排水坡把雨水排至挑檐外天沟或女儿墙内天沟，天沟纵向再起坡（5%左右），把雨水排至各个落水口，雨水沿敷设在外墙表面的雨水管排至地面散水或明沟（暗沟）。雨水管离开墙面20~25mm，沿墙高设间距为1000~1200mm墙卡，并与墙体牢固连接。雨水管可选用26#镀锌铁皮管、PVC塑料管、玻璃钢管、铸铁、石棉水泥管等。雨水管直径有50mm、75mm、100mm、125mm、150mm等，最常用雨水管直径为100mm。如图5-8所示。

（2）内排水　内排水是将雨水沿纵向汇集到檐沟或天沟中后，经雨水口和设置于室内的排水管排到地面的排水方式。适合于多跨房屋或高层房屋。如图5-9所示。

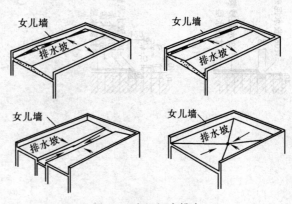

图5-9　有组织内排水

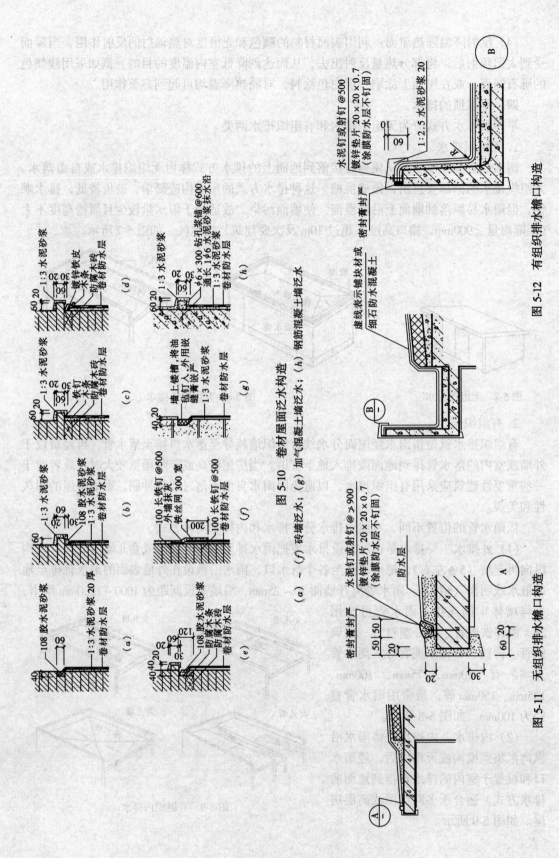

图 5-10　卷材屋面泛水构造

(a) ～ (f) 砖墙泛水；(g) 加气混凝土墙泛水；(h) 钢筋混凝土墙泛水

图 5-11　无组织排水檐口构造

图 5-12　有组织排水檐口构造

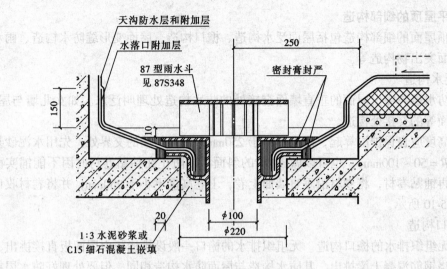

图 5-13 直管式雨水口

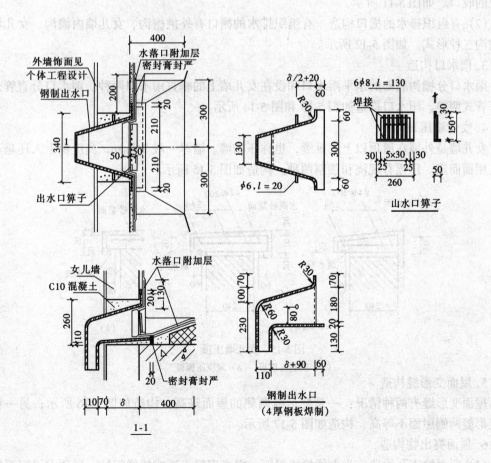

图 5-14 弯管式雨水管

五、平屋顶的细部构造

平屋顶屋面的细部构造包括屋面泛水构造、檐口构造、屋面变形缝防水构造、雨水口构造、屋面突出物构造等。

1. 泛水构造

屋面防水层与突出屋面的垂直墙面交接处的防水构造处理叫泛水。如女儿墙与屋面、烟囱与屋面等的交接处构造。

泛水高度应自保护层算起，高度不小于 250mm，屋面与墙的交界处，先用水泥砂浆抹成圆弧（$R = 50 \sim 100mm$），也可以做成 45° 的斜面，以防止在粘贴卷材时因不能铺实而折断，然后再铺贴卷材，将卷材沿垂直墙面上卷，上卷高度不小于 250mm，并将卷材收口固定。如图 5-10 所示。

2. 檐口构造

（1）无组织排水的檐口构造　无组织排水的檐口一般设挑檐板由屋面板直接挑出，也可以由现浇钢筋混凝土梁挑出。其防水构造与屋面防水构造相同，但要处理好防水层在挑檐处的收口。如图 5-11 所示。

（2）有组织排水的檐口构造　有组织排水的檐口有外挑檐沟、女儿墙内檐沟、女儿墙外檐沟三种形式。如图 5-12 所示。

3. 雨水口构造

雨水口分檐沟底部的水平雨水口和设在女儿墙上的垂直雨水口两种。雨水口分直管式和弯管式两类。雨水口构造如图 5-13 和图 5-14 所示。

4. 女儿墙压顶

女儿墙是外墙在屋顶以上的延续，也称压檐墙。墙厚一般 240mm，高度视上人还是不上人屋面而定。压顶有现浇和预制两种。构造如图 5-15 所示。

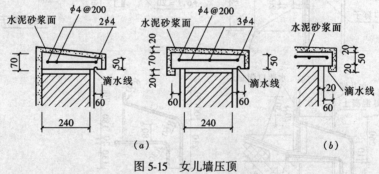

图 5-15　女儿墙压顶

（a）预制压顶板；（b）现浇压顶板

5. 屋面变形缝构造

屋面变形缝有两种情况：一是变形缝两侧的屋面等高，构造如图 5-16 所示；另一种是变形缝两侧屋面不等高，构造如图 5-17 所示。

6. 屋面突出物构造

（1）屋面检查孔构造　为方便检修屋面，需在房屋走道或楼梯间处、屋顶上设屋面检查孔，孔内径不得小于 700mm×700mm，构造如图 5-18 所示。

（2）管道、烟囱穿屋面构造　为防止雨水渗漏，构造上应将屋面基层与管子交接处抹成圆弧，卷材上卷，高度不小于 300mm，构造如图 5-19 所示。

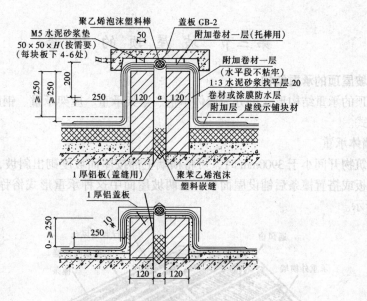

图 5-16 等高屋面变形缝构造

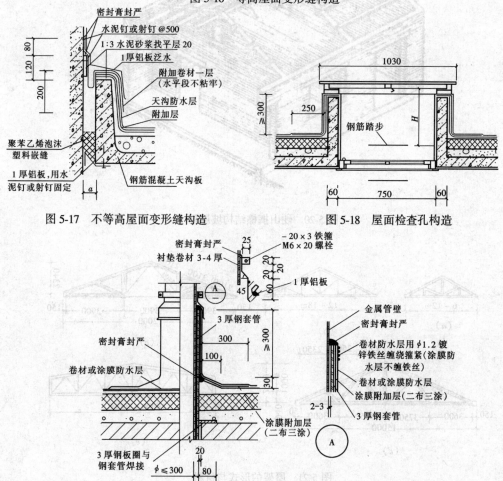

图 5-17 不等高屋面变形缝构造

图 5-18 屋面检查孔构造

图 5-19 管道穿屋面构造

第三节 坡屋顶的构造

一、坡屋顶的承重结构

坡屋顶的承重结构形式可分为墙体承重、梁架承重、屋架承重、钢筋混凝土斜板承重等几种形式。

1. 墙体承重

当建筑物开间小于3900mm时，可将横墙上部按屋面坡度砌出斜坡，上面铺设钢筋混凝土屋面板或搭置檩条后铺设屋面板。在两坡屋面中这种承重形式俗称"硬山搁檩"，如图5-20所示。

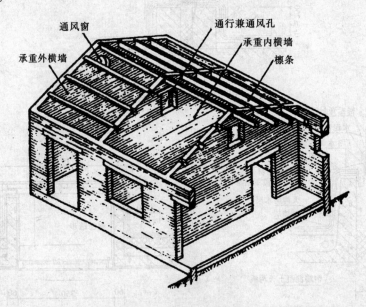

图 5-20 硬山搁檩结构坡屋顶

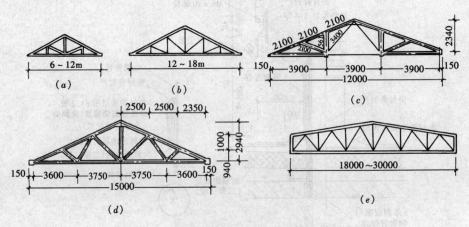

图 5-21 屋架的形式与材料

(a) 木屋架；(b) 钢木屋架；(c) 钢与钢筋混凝土屋架；(d) 钢筋混凝土屋架；(e) 梯形钢屋架

檩条截面和间距根据构造需要由结构计算确定。可采用木檩条、预制钢筋混凝土檩条、轻钢檩条。檩条的截面形式有矩形、T形等。

2．屋架承重

当建筑物跨度较大时，可采用屋架作为屋顶的承重结构，依据不同的跨度可采用木屋架、钢木屋架、钢筋混凝土屋架、钢屋架，如图5-21所示。目前使用较多的是钢屋架。钢屋架的形式可采用三角形、梯形、拱形等。

3．梁架承重

由梁和柱组成排架，各排架通过檩条联系为完整骨架，墙体仅起分隔和维护作用。如图5-22所示。

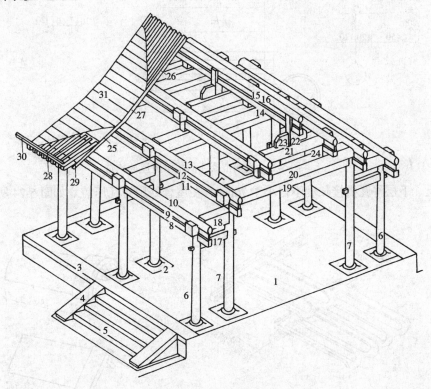

图5-22　梁架承重坡屋顶建筑构架示意图

1—台明；2—柱顶石；3—阶条；4—垂带；5—踏跺；6—檐柱；7—金柱；8—檐枋；9—檐垫板；
10—檐檩；11—金枋；12—金垫板；13—金檩；14—脊枋；15—脊垫板；16—脊檩；17—穿插枋；
18—抱头梁；19—随梁枋；20—五架梁；21—三架梁；22—脊瓜柱；23—脊角背；24—金瓜柱；
25—檐椽；26—脑椽；27—花架椽；28—飞椽；29—小连檐；30—大连檐；31—望板

4．钢筋混凝土斜板承重

屋面结构层为现浇钢筋混凝土板，多用于民用建筑，其构造如图5-23所示。

二、坡屋顶的屋面构造

坡屋顶的屋面防水材料种类较多，目前采用的有平瓦、琉璃瓦、波形瓦等。

1．平瓦屋面

平瓦分灰白色水泥瓦和青色黏土瓦两种。瓦面上有顺水凹槽，瓦底后部设挂瓦钉。铺设平瓦前应在瓦下设置防水层，以防渗漏，其方法是铺设一层卷材或垫设泥背、灰背，铺

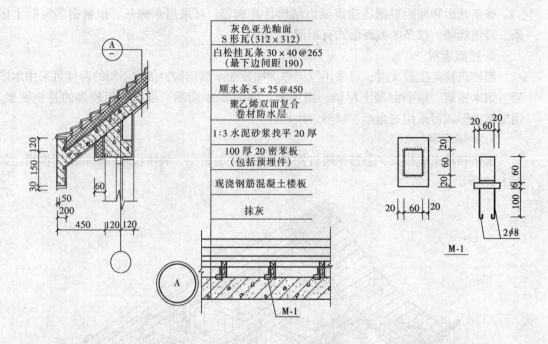

图 5-23　钢筋混凝土斜板承重屋面构造

设时上、下层平瓦搭接长度不得小于 70mm，在屋脊处用脊瓦压盖。如图 5-24 所示。

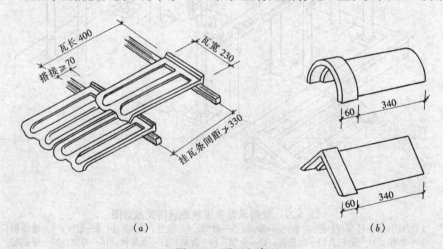

图 5-24　平瓦和脊瓦

（a）平瓦的规格和构造要求；（b）筒形脊瓦和三角形脊瓦

2.琉璃瓦屋面

我国传统宫式建筑屋面的主要材料，常见颜色有黄、绿、黑、蓝、紫、翡翠等色。近年来各地仿古建筑盛行，对于琉璃瓦颜色的选择较为随意，打破了传统的等级制约，对丰富建筑屋面形式起到一定的推动作用。

3.波形瓦屋面

对于坡度较小的坡屋顶中经常使用的屋面材料。为提高瓦的刚度，其横断面做成波浪起伏形状。它的特点是面积大、接缝少、自重轻、防水好。

波形瓦按波垄形状分为大波瓦、中波瓦、小波瓦、弧形波瓦、梯形波瓦、不等波瓦。按材料分为水泥石棉瓦、镀锌铁皮瓦、彩色钢板瓦等。波形瓦的构造如图5-25所示。

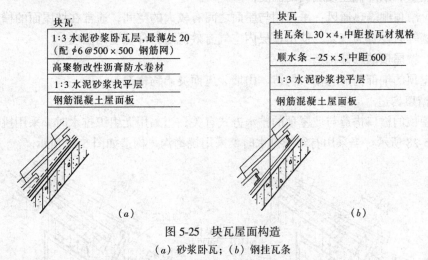

图 5-25　块瓦屋面构造
(a) 砂浆卧瓦；(b) 钢挂瓦条

三、坡屋顶的顶棚、保温、隔热与通风

1. 坡屋顶的顶棚

为满足室内美观及保温隔热的需要，以达到室内的使用要求，坡屋面房屋多数要设顶棚（吊顶），把屋顶承重结构层隐藏起来。顶棚通常做成水平的，也有时沿屋面坡度做成倾斜的，以取得较大的使用空间，顶棚多吊挂在屋顶承重结构上。吊顶棚的面层材料较多，常见的有抹灰顶棚（板条抹灰、芦席抹灰等）、板材顶棚（纤维板顶棚、胶合板顶棚、石膏板顶棚等）。吊顶棚构造与楼板层中吊顶棚构造相似，如图5-26所示。

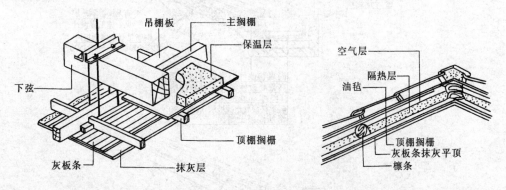

图 5-26　坡屋顶有保温吊顶棚构造　　　　　图 5-27　坡屋顶屋面保温构造

2. 坡屋顶的保温

当坡屋顶有保温要求时，应设保温层。有顶棚的屋顶，保温层铺设在吊顶棚上；不设吊顶时，保温层可铺设于屋面板与屋面面层之间，保温材料可选用木屑、膨胀珍珠岩、玻璃棉、矿棉、石灰稻壳、柴泥等。有吊顶保温层构造如图5-26所示，无吊顶保温层构造如图5-27所示。

3. 屋顶的隔热与通风

坡屋顶的隔热与通风有以下几种做法：

（1）通风屋面：屋面做成双层，由檐部进风至屋脊排风，利用空气流动带走间层中的一部分热量，以降低屋顶底面的温度。

（2）吊顶棚隔热通风：吊顶棚与屋面之间有较大的空间，通常在坡屋面的檐口下、屋脊、山墙等处设置通气窗，使吊顶层内空气有效流通，降低室内温度。

四、坡屋顶的细部构造

坡屋顶的细部构造有檐口构造、山墙、屋面突出物构造等。

1．檐口构造

坡屋顶的檐口构造与坡屋顶的排水方式有关，当采用无组织排水时，采用挑檐口，构造如图 5-28 所示。当采用有组织排水时，采用挑檐沟，构造如图 5-29 所示。

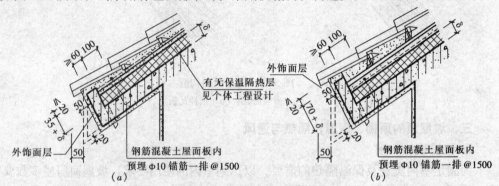

图 5-28　块瓦屋面檐口
（a）砂浆卧瓦；（b）钢挂瓦条

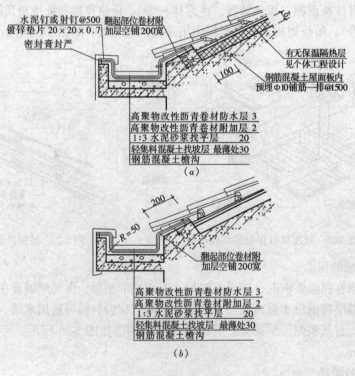

图 5-29　块瓦屋面檐沟
（a）砂浆卧瓦；（b）钢挂瓦条

2. 山墙

双坡屋面的山墙有硬山和悬山两种。

（1）硬山 硬山是山墙与屋面等高或高于屋面做成女儿墙，女儿墙做压顶，构造与平屋面相似。女儿墙与屋面相交处做泛水，构造如图5-30所示。

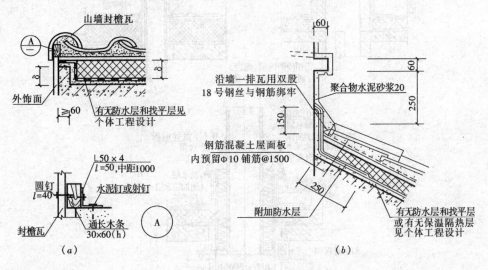

图 5-30 块瓦屋面硬山构造
（a）山墙封檐；（b）屋面防水

（2）悬山 悬山是把屋面挑出山墙之外，构造如图5-31所示。

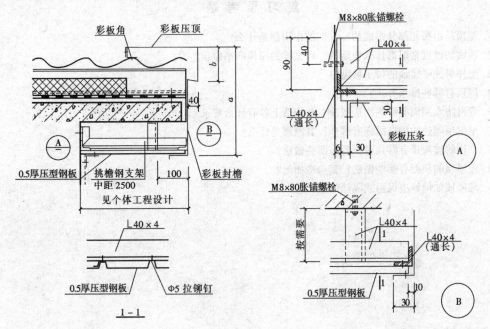

图 5-31 块瓦形钢板彩瓦屋面悬山构造

3. 屋面突出物构造

烟囱、管道等与屋面相交，其四周应做泛水，以防雨水渗漏。构造如图5-32所示。

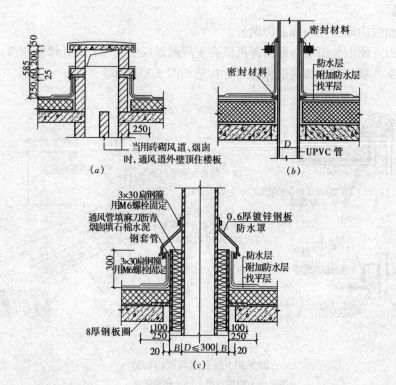

图 5-32 屋面突出物构造

复习思考题

1. 屋顶是由哪几部分组成的？它们的作用都是什么？

2. 屋面的坡度是根据什么确定的？什么样的屋顶叫平屋顶？

3. 怎样形成平屋顶的排水坡度？

4. 屋顶有哪些排水方式？

5. 卷材防水屋面有哪些构造层次？在构造上各有什么要求？

6. 平屋顶隔热的构造措施有哪些？其原理是什么？

7. 常用的坡屋顶有哪几种？各有哪些做法？

8. 坡屋顶的顶棚有哪些做法？其构造如何？

9. 坡屋顶如何解决保温或隔热问题？

第六章　楼梯与电梯

在多层及高层建筑物中，为解决建筑物的垂直交通和高差，必须设供人们上下楼层的交通设施，如楼梯、电梯、自动扶梯、台阶、坡道等。其中楼梯是建筑物中最常见的垂直交通设施，使用最为广泛，是建筑物的重要组成部分。楼梯在建筑物中一般设在比较明显和容易找到的部位，而且楼梯间应有直接采光。并且应满足紧急情况下安全疏散。电梯主要用于高层建筑或使用要求较高的建筑，自动扶梯适用于人流量大且使用要求较高的公共建筑，如车站、机场、商场等建筑。台阶和坡道主要用于解决室内外高差的处理，坡道用于医院、办公楼、车库等建筑。

第一节　概　　述

一、楼梯的组成

楼梯一般由楼梯段、平台、栏杆（板）和扶手组成，如图6-1所示。

1. 楼梯段

楼梯段是指两平台之间带踏步的斜板。踏步的水平面称为踏面，其宽度为踏步宽。踏步的垂直面称为踢面，其数量称为级数，高度称为踏步高。为了消除疲劳，每一楼梯段的级数一般不应超过18级，同时考虑人们行走的习惯性，楼梯段的级数也不应少于3级。公共建筑中的装饰性弧形楼梯可略超过18级，楼梯段也可称为梯跑。

2. 平台

平台是指两梯段之间的水平连接部分。根据位置的不同分楼层平台和中间平台，楼层平台与走廊连接，中间平台的主要作用是楼梯转换方向和缓解疲劳，故又称为休息平台。

楼梯段与平台围合的空间称为楼梯井。楼梯井的宽度一般为60~200mm，公共建筑楼梯井的宽度以不小于150mm为宜。

3. 栏杆（板）和扶手

为保证人们上下楼梯的安全，在楼梯段临近楼梯井的一侧应设栏杆（板），在栏杆（板）的顶部（或中部）设供人们上下楼时扶持用的扶手。栏杆（板）和扶手均属楼梯

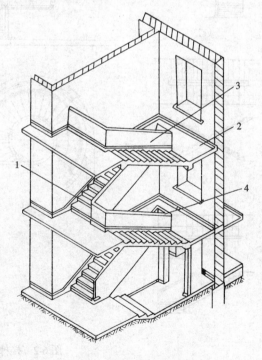

图6-1　楼梯的组成

1—楼梯段；2—中间平台；3—栏杆（栏板）；4—扶手

的安全防护设施。要求它必须坚固可靠，并具有适宜的安全高度。

二、楼梯的类型

楼梯按所处位置分为室外楼梯和室内楼梯两种。

楼梯按使用性质分为主要楼梯、辅助楼梯、疏散楼梯、消防楼梯等。

楼梯按所用材料分为木楼梯、钢筋混凝土楼梯和钢楼梯等。

楼梯按层间梯段数量和形式不同，可分为直跑式、多跑式、交叉式、剪刀式、弧形式及螺旋式等多种形式，如图6-2所示。其中直跑式有单跑和两跑之分，双跑式又有平行双

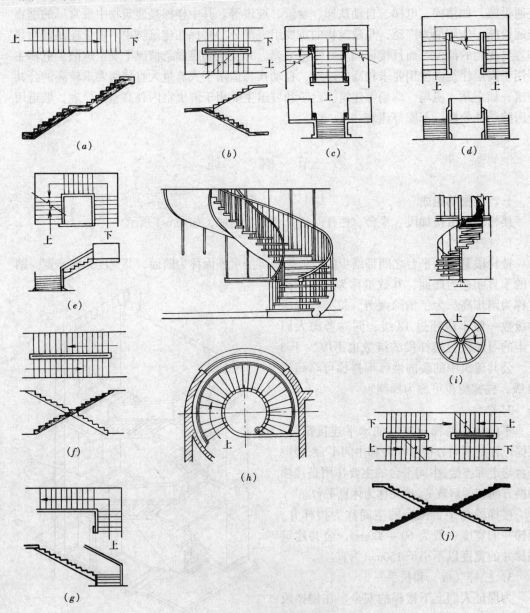

图 6-2　楼梯的形式

(*a*) 直跑式；(*b*) 双跑式；(*c*) 双分式；(*d*) 双合式；(*e*) 三跑式；(*f*) 交叉式

(*g*) 曲尺式；(*h*) 圆形楼梯；(*i*) 螺旋式；(*j*) 剪刀式

跑、曲尺式、双合式和双分式。楼梯的形式很多，应视使用要求、在房屋中的位置及楼梯间的平面形状而定。常见的楼梯形式有直跑式、双跑式和多跑式三种，其中平行双跑式楼梯具有占用面积少，使用方便等优点，因此，这种楼梯应用最多。

高层建筑的楼梯间分为开敞楼梯间、封闭楼梯间、防烟楼梯间三种形式。

三、楼梯的尺度

1．楼梯的坡度

楼梯的坡度即楼梯段的坡度，可以采用两种方法表示，一种是用梯段与水平面的夹角表示；另一种是用踏步的高宽比表示。普通楼梯的坡度范围一般在 20°～45°之间，合适的坡度范围一般 以 30°左右为宜，最佳坡度为 26°34′。当坡度小于 20°时采用坡道；当坡度大于 45°时采用爬梯。如图 6-3 所示。

确定楼梯的坡度应根据房屋的使用性质、行走的方便和节约楼梯间的面积等多方面的因素综合考虑。对于使用的人员情况复杂且使用较频繁的楼梯，其坡度应比较平缓，一般可采用 1：2 的坡度，反之，坡度可以陡些，一般采用 1：1.5 左右的坡度。

2．楼梯踏步尺寸

楼梯踏步尺寸决定楼梯的坡度，而踏步尺寸的确定又与人行走的步距有关，其宽度要与人行走的步长

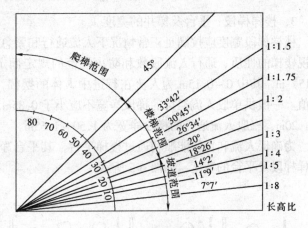

图 6-3　楼梯的坡度

相适应，一般人行走的步长大约与人的肩宽相似，因此，踏步的宽与高必须有一个恰当的比例关系，才会使人行走时不会感到吃力和疲劳。通常踏步尺寸的确定可用下列经验公式：

$$2h + b = 600 \sim 620mm$$

或

$$h + b = 450mm$$

式中　　　h ——踏步高度；

　　　　　b ——踏步宽度；

$600 \sim 620mm$ ——人的平均步距。

民用建筑中，踏步尺寸应根据使用要求决定，不同类型的建筑物，其要求也不相同，楼梯踏步尺寸应符合表 6-1 的规定。

楼梯踏步最小宽度和最大高度表　　　　　　　　　　　　表 6-1

楼 梯 类 别	最小宽度（mm）	最大高度（mm）
住宅公用楼梯	250	180
幼儿园、小学校等楼梯	260	150
电影院、剧场、体育馆、商场、医院、疗养院等楼梯	280	160
其他建筑物楼梯	260	170
专用服务楼梯、住宅户内楼梯	220	200

注：1．无中柱螺旋楼梯弧形楼梯离内侧扶手 250mm 处的踏步宽度不应小于 220mm。

当踏步的踏面宽度较小时，可以将踢面做成倾斜或使踏面出挑 20 ~ 25mm 的踏口，从而增大踏面的实际宽度，如图 6-4 所示。

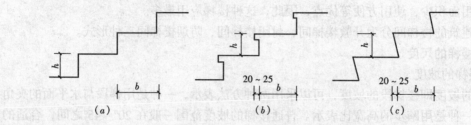

图 6-4　楼梯踏步的尺寸
（a）踏步尺寸；（b）加宽踏口；（c）踢面倾斜

3．楼梯梯段、平台及梯井的宽度

楼梯梯段宽度应按满足正常情况下人流通行和紧急情况下安全疏散的要求来确定，通常视楼梯的性质、通行人流股数和防火规范的规定而定。一般单股人流宽为 0.5 + （0 ~ 0.15）m，其中 0 ~ 0.15m 为人流在行进中人体的摆幅，公共建筑人流较多的场所应取上限值。一般供单股人流通行的梯段净宽不应小于 0.85m，双股人流通行的梯段净宽为 1.10 ~ 1.20m，三股人流通行的梯段净宽为 1.50 ~ 1.65m。

为确保人流和货物能顺利通过楼梯平台，其平台净宽应大于或等于楼梯梯段的净宽。楼梯梯段及平台的宽度，如图 6-5 所示。

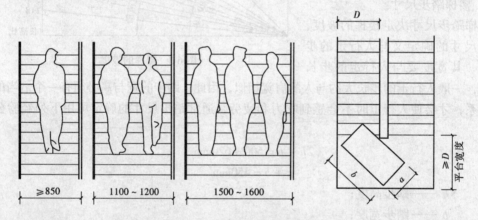

图 6-5　楼梯宽度的确定

楼梯井宽度一般为 80 ~ 200mm。

4．楼梯的净空高度

楼梯的净空高度是指楼梯平台上部及下部过道处的净空高度和上下两层梯段间的净空高度。为保证人流通行和家具搬运，要求平台处的净高不应小于 2m；梯段间的净高不应小于 2.2m，如图 6-6 所示。

5．楼梯栏杆（板）扶手的高度

楼梯栏杆（板）扶手的高度是指从踏步面中心到扶手面的垂直高度。它与楼梯的坡度大小有关，一般情况下，栏杆（板）扶手的高度采用 900mm；平台处水平栏杆（板）扶手的高度不小于 1000mm；供儿童使用的楼梯扶手高度常为 600 ~ 700mm，如图 6-7 所示。

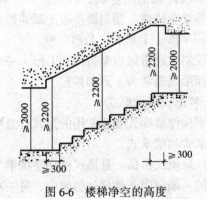

图 6-6　楼梯净空的高度　　　　　　　　　　　图 6-7　楼梯扶手的高度

第二节　钢筋混凝土楼梯

钢筋混凝土楼梯按施工方式可分为现浇式和预制装配式两种。

一、现浇钢筋混凝土楼梯

现浇钢筋混凝土楼梯，是指在施工现场支模板、绑扎钢筋、浇筑混凝土而形成的整体楼梯。其具有整体性好、刚度好、坚固耐久等优点，相反耗用人工、模板较多，施工速度较慢，因而多用于楼梯形式复杂或对抗震要求较高的房屋中。

现浇钢筋混凝土楼梯按传力特点及结构形式的不同，可分为板式楼梯和梁板式楼梯，如图 6-8 所示。

1. 板式楼梯

板式楼梯是将楼梯段做成一块板底平整，板面上带有踏步的板，与平台、平台梁现浇在一起。作用在楼梯梯段上和平台上的荷载同时传给平台梁，再由平台梁传至承重横墙上或柱上。也可不设平台梁，将梯段板和平台板现浇为一体，楼梯梯段和平台上的荷载直接传给承重横墙。这种楼梯构造简单，施工方便，但自重大，材料消耗多，适用于荷载较小，楼梯跨度不大的房屋。

2. 梁板式楼梯

梁板式楼梯是指在板式楼梯的梯段板边缘处设有斜梁的楼梯。作用在楼梯梯段上的荷载通过梯段斜梁传至平台梁，再传到墙或柱上。根据斜梁与梯段位置的不同，分为明步梯段和暗步梯段。明步梯段是将斜梁设在踏步板之下；暗步梯段是将斜梁设在踏步板的上面，踏步包在梁内。这种楼梯传力线路明确，受力合理，适用于荷载较大，楼梯跨度较大的房屋。

二、预制装配式钢筋混凝土楼梯

装配式钢筋混凝土楼梯是将组成楼梯的各个部分分成若干个小构件，在预制厂制作，再到现场组装。其具有提高建筑工业化程度、减少现场湿作业、加快施工速度等特点。

装配式钢筋混凝土楼梯按构件尺寸的不同和施工现场吊装能力的不同，可分为小型构件装配式楼梯和中型及大型构件装配式楼梯两类。

（一）小型构件装配式楼梯

1. 小型构件

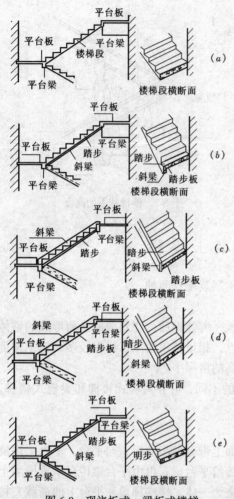

图 6-8 现浇板式、梁板式楼梯
（a）板式楼梯；（b）梁式楼梯（梁在板下）；（c）梁式楼梯（梁在板中）；（d）梁式楼梯（梁在板上）；（e）梁式楼梯（单斜梁式）

锯齿形和矩形。锯齿形斜梁支承 L 形踏步板，矩形斜梁支承三角形踏步板，三角形踏步与斜梁之间用水泥砂浆由下而上逐个叠砌，如图 6-11 所示。

小型构件包括踏步板、斜梁、平台梁、平台板等单个构件。预制踏步板的断面形式通常有一字形 、L 形和三角形三种。

梯段斜梁通常做成锯齿形和 L 形，平台梁的断面形式通常为 L 形和矩形。

2．装配式楼梯形式

小型构件装配式楼梯常用的形式有悬挑式、墙承式和梁承式。

（1）悬挑式楼梯 悬挑式楼梯是将单个踏步板的一端嵌固于楼梯间侧墙中，另一端自由悬空而形成的楼梯段。踏步板的悬挑长度一般在 1.2m 左右，最大不超过 1.8m。踏步板的断面一般采用 L 形，伸入墙体不小于240mm。伸入墙体的部分截面通常为矩形。这种构造的楼梯不宜在地震区使用，如图6-9所示。

（2）墙承式楼梯 墙承式楼梯是将一字形或 L 形踏步板直接搁置于两端墙上，这种楼梯最适宜于直跑式楼梯。当采用平行双跑楼梯时，需在楼梯间中部加设一道墙以支承两侧踏步板，由于楼梯间中部增设墙后，会阻挡行人视线，对搬运物品也不方便。为保证采光并解决行人视线阻挡，通常在加设的墙上开设窗洞。墙承式楼梯构造，如图6-10所示。

（3）梁承式楼梯 梁承式楼梯的梯段由踏步板和梯段斜梁组成。梯段斜梁通常做成

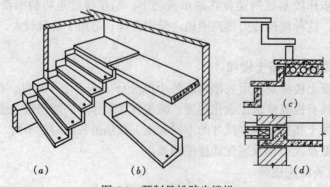

图 6-9 预制悬挑踏步楼梯

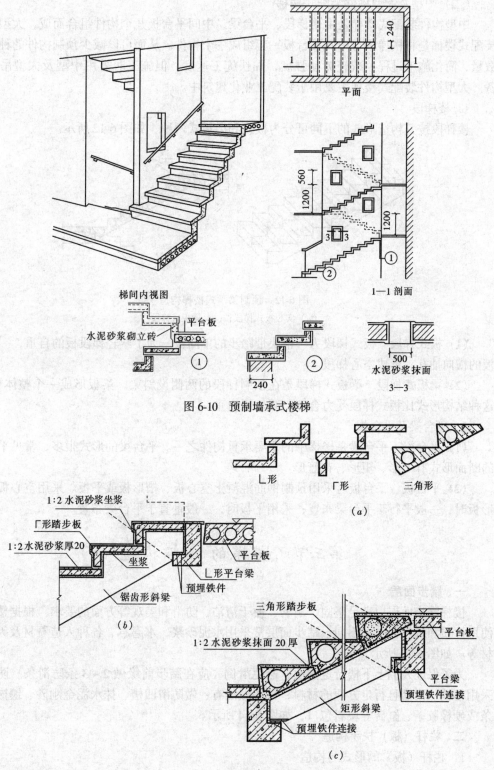

図中标注文字：

平面

240

1200 560 1200

3 3

2 1

1—1 剖面

梯间内视图

水泥砂浆砌立砖 平台板

① ② 水泥砂浆抹面

240 500

3—3

图 6-10 预制墙承式楼梯

L形 Γ形 三角形

(a)

1:2 水泥砂浆坐浆
Γ形踏步板
1:2 水泥砂浆厚20
坐浆
平台板
L形平台梁
预埋铁件
锯齿形斜梁

(b)

三角形踏步板
1:2 水泥砂浆抹面20厚
平台板
平台梁
预埋铁件连接
矩形斜梁
预埋铁件连接

(c)

图 6-11 预制梁承式楼梯构造

(a) 踏步板的类型；(b) 锯齿形斜梁；(c) 矩形斜梁

（二）中型及大型构件装配式楼梯

中型构件装配式楼梯是由楼梯段、平台梁、中间平台板几个构件组合而成，大型构件装配式楼梯是将楼梯段与中间平台板一起组成一个构件。从而可以减少预制构件的种类和数量，简化施工过程，减轻劳动强度，加快施工速度，但施工时需用中型及大型吊装设备。大型构件装配式楼梯主要用于装配工业化建筑中。

1．楼梯段

楼梯段按其构造形式的不同可分为板式和梁板式两种，如图6-12所示。

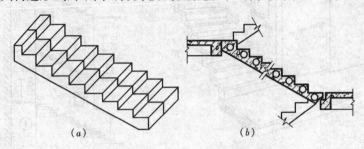

（a）　　　　　　　　（b）

图6-12　预制梁承式楼梯构造

（a）实心板式梯段；（b）梁板式梯段

（1）板式梯段　板式梯段为一整块带踏步的单向板。为了减轻梯段板的自重，一般沿板的横向抽孔，形成空心梯段。

（2）梁板式梯段　梁板式梯段是在预制梯段的两侧设斜梁，梁板形成一个整体构件。这种结构形式比板式梯段受力合理、减轻了自重。

2．平台梁及平台板

（1）平台梁　平台梁是楼梯中的主要承重构件之一。平台梁的形式很多，常见平台梁的断面形式有L形、矩形、花篮形。

（2）平台板　平台板可采用预制钢筋混凝土空心板、槽形板或平板。采用空心板或槽形板时，一般平行于平台梁布置；采用平板时，一般垂直于平台梁布置。

第三节　楼梯的细部构造

一、踏步面层

楼梯踏步面层应满足坚固、耐磨、便于清洁、防滑和美观等方面的要求。根据楼梯的使用性质和装修标准的不同，踏步面层常采用水泥砂浆、水磨石、各种人造石材及天然石材等。如图6-13所示。

为了保证人们上下楼行走方便，避免滑倒，应在踏步前缘做2~3条防滑条。防滑条采用粗糙、耐磨且行走方便的材料，常用做法有：做防滑凹槽、抹水泥金刚砂、镶嵌金属条或硬橡胶条、缸砖等块料包口，如图6-14所示。

二、栏杆（板）扶手构造

1．栏杆（板）的形式与构造

栏杆通常采用空花栏杆。空花栏杆多采用扁钢、圆钢、方钢及钢管等金属型材焊接而成。空花栏杆的间距一般不大于110mm。在住宅、托幼、小学等建筑中不宜做易攀登的横

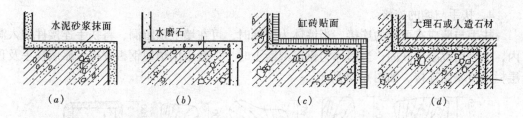

图 6-13　踏步面层构造
（a）水泥砂浆踏步面层；（b）水磨石踏步面层；（c）缸砖踏步面层；（d）大理石或人造石材踏步面层

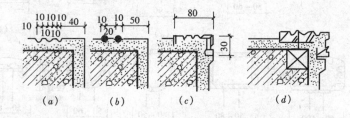

图 6-14　楼梯踏面防滑构造
（a）防滑凹槽；（b）金刚砂防滑条；（c）缸砖防滑条；（d）铝合金包角

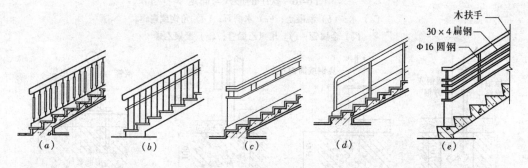

图 6-15　楼梯栏杆的构造形式
（a）空花栏杆；（b）空花栏杆带幼儿扶手；（c）钢筋混凝土栏板；（d）玻璃栏板；（e）组合式栏杆

向栏杆。栏杆的形式如图 6-15 所示。

实心栏板一般采用砖钢丝网水泥、钢筋混凝土、有机玻璃及刚化玻璃等材料制作。当采用砖砌栏板时，应在适当部位加设拉盘，并在顶部现浇钢筋混凝土把它连成整体，以加强其刚度。

2．扶手

楼梯扶手位于栏杆顶面，供人们上下楼梯时扶持之用。扶手一般由硬木、钢管、铝合金管、塑料、水磨石等材料做成。

3．栏杆与扶手及梯段的连接

（1）栏杆与扶手的连接　金属栏杆与金属扶手的连接，一般采用焊接；当采用金属栏杆，扶手为木材或硬塑料时，一般在栏杆顶部设通长扁铁与扶手底面或侧面用螺钉固定连接，如图 6-16 所示。

（2）栏杆与梯段及平台的连接　通常是在梯段和平台上预埋钢板焊接或预留孔插接。为了保护栏杆和增加美观，可在栏杆下端增设套环，如图 6-17 所示。

4．扶手与墙的连接

扶手与墙应有可靠的连接，当墙体为砖墙时，可在墙上预留洞，将扶手连接件伸入洞内，然后用混凝土嵌固；当墙体为钢筋混凝土时，一般采用预埋钢板焊接。靠墙扶手及顶层栏杆与墙面连接，如图 6-18 所示。

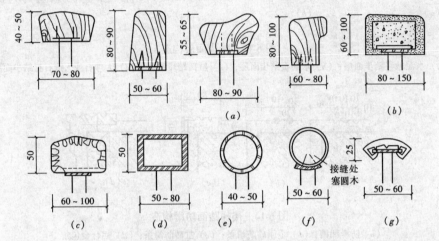

图 6-16　扶手的形式与固定

（a）木；（b）混凝土；（c）水磨石；（d）角钢或扁钢；
（e）金属管；（f）聚氯乙烯管；（g）聚聚乙烯

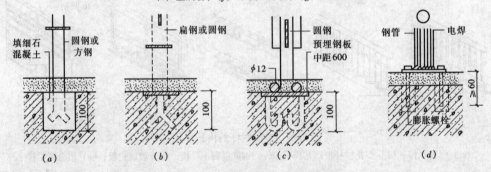

图 6-17　栏杆与梯段的连接构造

（a）留孔插入灌浆；（b）预埋钢板焊接；（c）与圆钢焊接；（d）膨胀螺栓锚接

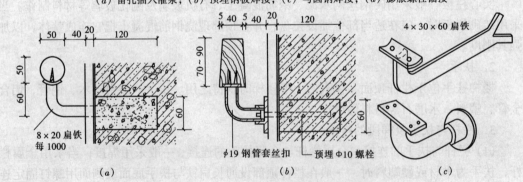

图 6-18　靠墙扶手的固定

（a）圆木扶手；（b）条木扶手；（c）扶手铁脚

第四节 电梯与自动扶梯

一、电梯

1．电梯的类型与组成

电梯的类型很多。按使用性质分有客梯、观光电梯、货梯、食梯、病床梯及消防电梯等。按电梯运行速度分有低速电梯、中速电梯和高速电梯。按控制电梯运行的方式分有手动电梯、半自动电梯和自动电梯三种。

电梯主要由轿厢、起重设备和平衡重等部分组成，如图 6-19 所示。

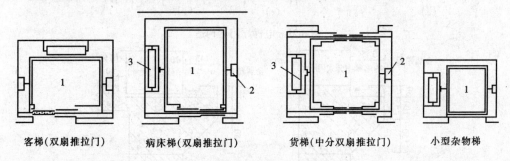

客梯（双扇推拉门）　　病床梯（双扇推拉门）　　货梯（中分双扇推拉门）　　小型杂物梯

图 6-19　电梯分类与井道平面

1—电梯厢；2—导轨及撑架；3—平衡重

2．电梯对建筑物的要求

为保证电梯的正常运行，建筑设计应紧密配合。要求在建筑物中设有电梯井道、电梯机房和地坑等。如图 6-20 所示。

（1）电梯井道　井道的尺寸应根据所选用的电梯类型确定。井道多采用钢筋混凝土现浇而成；当总高度不大时，也可采用砖砌井道；观光电梯可用玻璃幕墙。

（2）电梯机房　机房要求面积适当，便于设备的布置，有利于维修和操作，具有良好的采光和通风条件。

（3）井道地坑　井道地坑作为轿厢下降时所需的缓冲器的安装空间，一般地坑的表面距最底层地面标高的垂直距离不小于 1.4m。

3．电梯井道的细部构造

电梯井道的细部构造包括厅门的门套装修、厅门牛腿处理、导轨撑架与井壁的固定处理等。

厅门门套装修根据建筑装修标准的不同，可选用不同的材料做法如水泥砂浆抹面、水磨石、大理石、花岗石、木材及金属板材等，如图 6-21 所示。

厅门牛腿位于电梯门洞下缘，即人们进入轿厢的踏板处。牛腿一般为钢筋混凝土现浇或预制构件，挑出长度通常由电梯提供的数据确定，如图 6-22 所示。导轨

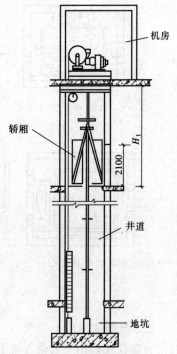

图 6-20　井道和机房剖面

撑架与井道内壁的连接构造，如图 6-23 所示。

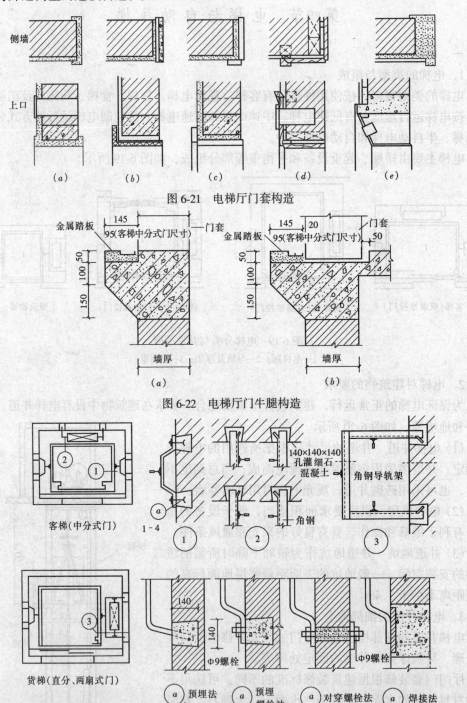

图 6-21 电梯厅门套构造

图 6-22 电梯厅门牛腿构造

图 6-23 电梯导轨与导轨撑架构造

二、自动扶梯

自动扶梯适用于大量人流上下的建筑物，如火车站、航空站、大型商业建筑及展览馆等。自动扶梯由电动机械牵动，梯级踏步连同扶手同步运行，机房设在楼板下面。自动扶梯可以正逆方向运行，既可提升又可下降，在机器停止运行时，可作为普通楼梯使用。如图 6-24 所示。

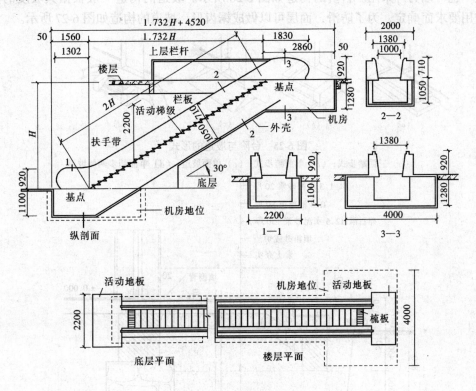

图 6-24　自动扶梯的构造

第五节　室 外 台 阶 与 坡 道

　　房屋底层为了防水防潮等方面的要求，一般室内外地面设有高差。民用房屋室内地面通常高于室外地面 300mm 以上，单层工业厂房室内地面通常高于室外地面 150mm。因此，在房屋出入口处，应设置台阶或坡道，以满足室内外的交通联系方便等要求。

　　一、台阶与坡道的形式和平面尺度

　　台阶由踏步和平台组成，其形式有三面踏步式、两面踏步式及单面踏步式等。由于台阶位于房屋的出入口处并有美观的要求，因此，台阶两边常与花池、垂带石、方形石等组合在一起。坡道多为单面坡式。在某些大型公共建筑中，为汽车能在大门入口处通行，可采用单面台阶与两侧坡道相结合的形式。其坡道的坡度不宜大于 1:10。台阶与坡道的形式，如图 6-25 所示。

　　台阶与坡道的平面尺度一般取决于房屋室内外高差的大小和门洞口的宽度，台阶与坡道一般比门洞口宽 300mm，每阶宽度一般为 300mm，台阶高为 150mm。

　　二、室外台阶与坡道的构造

　　室外台阶与坡道的构造包括面层、垫层及基层，与地面的构造相似。基层为夯实的土壤或灰土，垫层可采用混凝土、石材或砖砌体，在寒冷地区，为了防止室外台阶和坡道受冻害，在基层和混凝土垫层之间设防冻层，通常采用砂或炉渣。面层一般可以与地面面层一致，也可以另外采用。台阶的构造如图6-26所示。坡道的构造一般根据其坡度的大小和使用要求而确定，为了防滑，面层可以做成锯齿形。坡道的构造如图6-27所示。

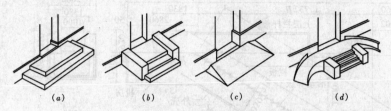

图 6-25　台阶与坡道的形式

（a）三面踏步式；（b）单面踏步式；（c）单面坡道；（d）单面踏步两侧坡道

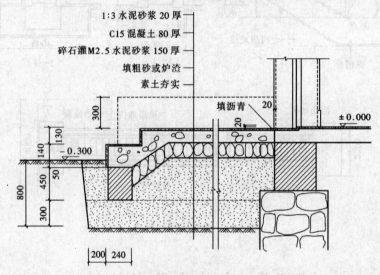

图 6-26　台阶的构造

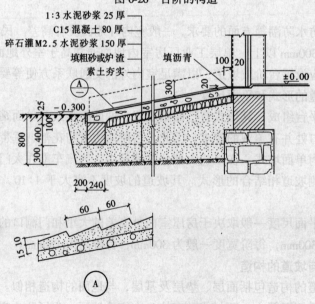

图 6-27　防滑坡道的构造

复习思考题

1. 楼梯的组成部分有哪些？各组成部分有何要求？
2. 楼梯的坡度为多少？楼梯踏步尺寸如何确定？
3. 楼梯梯段的宽度由哪些因素决定？楼梯的净空高度有何规定？
4. 现浇钢筋混凝土楼梯常见的结构形式有哪些？各有何特点？
5. 小型构件装配式钢筋混凝土楼梯的构件有哪些？常用的结构形式有哪几种？
6. 楼梯踏步面层防滑处理的措施有哪些？
7. 楼梯栏杆与踏步的连接方法如何？
8. 楼梯梯段与楼梯基础的连接构造方法？
9. 室外台阶的构造形式有哪些？

第七章 窗 与 门

第一节 窗与门的作用及分类

一、窗的作用

1. 采光

任何房间都需要一定的照度,实验证明通过窗的自然采光有益于人的健康同时也节约能源,所以要合理设置窗来满足不同房间室内的采光要求。

2. 通风、调节温度

设置窗来组织自然通风、调换空气,可以使室内空气清新,同时在炎热夏季也可以起到调节室内温度作用,使人感觉舒适。

3. 观察、传递

通过窗可观察室外情况和传递信息,有时还可以传递小物品,如售票、售物、取药等。

4. 围护

窗不仅开启时可通风,关闭时还可以起到控制室内温度,如冬季减少热量散失;避免风、雨、雪等自然侵袭;还可起防盗等围护作用。

5. 装饰

在整个建筑立面中,窗占的比例较大,窗的大小、形状、布局、疏密程度、色彩、材质等直接体现着建筑的风格,对建筑风格起到至关重要的装饰作用。

二、窗的分类

1. 按所用材料分类

分为木窗、钢窗、铝合金窗、塑钢窗、玻璃钢窗等。木窗制作方便、经济、密封性能好、保温性高,但相对透光面积小,防火性很差、耐久性差、易变形、损坏等。钢窗密封性能差、保温性能低、耐久性差、易生锈等。故目前木窗、钢窗应用很少而被铝合金窗和塑钢窗所取代,因为它们具有重量轻、耐久性能好、刚度大、变形小、不生锈、开启方便、美观等优点,但成本较高。

2. 按开启方式分类

(1) 平开窗 有内开和外开之分,构造简单、制作、安装、维修、开启等都比较方便,是比较常见的一种开启方式的窗。

(2) 推拉窗 窗扇沿导槽可左右推拉、不占空间、但通风面积减小,目前铝合金窗和塑钢窗普遍采用这一种开启方式。

(3) 悬窗 依悬转轴的位置不同分为上悬窗、中悬窗和下悬窗三种。为防雨水飘入室内,上悬窗必须外开;中悬窗上半部内开、下半部外开,有利通风开启方便,适用于高侧窗;下悬窗必须内开,同时占用室内较多空间。

（4）立转窗　窗扇可以绕竖向轴转动，竖轴可设在窗扇中心也可以略偏于窗扇一侧，通风效果较好。

（5）固定窗　窗扇不能开启，仅用于采光、观察、围护。

窗的开启方式如图7-1所示。

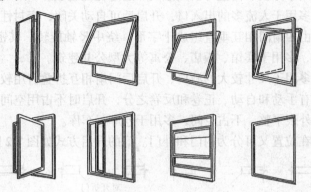

图 7-1　窗的开启方式

三、门的作用

1. 通行

门是人们进出室内外和各房间的通行口，它的大小、数量、位置、开启方向都要按有关规范来设计。通行是门的主要作用。

2. 疏散

当有火灾、地震等紧急情况发生时，人们必须经门尽快离开危险地带，起到安全疏散的作用。

3. 围护

门是房间保温、隔声及防自然侵害的重要配件。

4. 采光通风

门可用作房间的辅助采光，并且可与窗组织房间的自然通风。

5. 防盗、防火

对安全有特殊要求的房间，要安设由金属制成，经公安部门检查合格的专用防盗门，以确保安全。防火门能阻止火势的蔓延，用阻燃材料制成或防护。

6. 美观

门是建筑出入口的重要组成部分，所以门的选型和构造直接影响着建筑物的立面效果。

四、门的分类

1. 按所使用材料分类

分为木门、钢门、铝合金门、塑钢门、玻璃钢门、无框玻璃门等。

木门应用较广泛、轻便、密封性能好、较经济、但耗费木材；钢门多用于防盗功能的门；铝合金门目前应用较多，一般适于门洞口较大时使用；玻璃钢门、无框玻璃门多用于大型建筑和商业建筑的出入口处，美观、大方，但成本较高。

2. 按开启方式分类

（1）平开门　有内开和外开，单扇和双扇之分。其构造简单、开启灵活、密封性能好、制作和安装较方便，但开启时占用空间较大。

（2）推拉门　分单扇和双扇，能左右推拉且不占空间，但密封性能较差。可手动和自动，自动推拉门多用于办公、商业等公共建筑、通过光控较多。

（3）弹簧门　多用于人流多的出入口，开启后可自动关闭，密封性能差。

（4）旋转门　由四扇门相互垂直组成十字形，绕中竖轴旋转。其密封性能好，保温、隔热好、卫生方便，多用于宾馆、饭店、公寓等大型公共建筑。

（5）折叠门　多用于尺寸较大的洞口、开启后门扇相互折叠占用较少空间。

（6）卷帘门　有手动和自动、正卷和反卷之分，开启时不占用空间。

（7）翻板门　外表平整、不占空间，多用于仓库、车库。

此外，门按所在位置又可分为内门和外门。门的开启方式如图 7-2 所示。

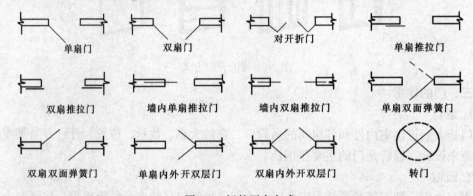

单扇门　　双扇门　　对开折门　　单扇推拉门

双扇推拉门　墙内单扇推拉门　墙内双扇推拉门　单扇双面弹簧门

双扇双面弹簧门　单扇内外开双层门　双扇内外开双层门　转门

图 7-2　门的开启方式

第二节　窗 与 门 的 构 造

一、平开木窗的组成与构造

木窗的组成如图 7-3 所示，木窗的构造如图 7-4 所示。

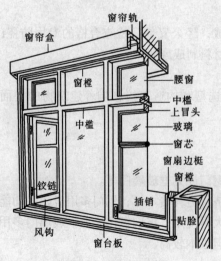

窗帘盒　窗帘轨　窗樘　腰窗　中槛　上冒头　玻璃　窗芯　窗扇边框　窗樘　铰链　插销　贴脸　风钩　窗台板

图 7-3　木窗的组成

1. 窗框

窗框断面尺寸主要依材料强度、接榫需要和窗扇层数（单层、双层）来确定。安装方式有立口和塞口两种。施工时先将窗框立好后砌筑窗间墙，称为立口；在砌墙时先留出洞口，再用长钉将窗框固定在墙内预埋的防腐木砖上，也可用膨胀螺栓直接固定于墙上的施工方法称为塞口，每边至少 2 个固定点、且间距不应大于 1.2m。窗框相对外墙位置可分为内平、居中、外平三种情况。窗框与墙间缝隙用水泥砂浆或油膏嵌缝。为防腐耐久、防蛀、防潮变形，通常木窗框靠近墙面一侧开槽，并作防腐处理。为使窗扇开启方便，又要关闭严密，通常在窗

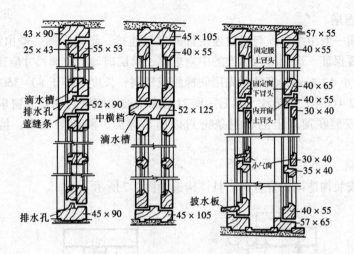

图 7-4　双层平开木窗构造

框上做深度约为 10～12mm 的裁口，在与窗框接触的窗扇侧面做斜面。

2. 窗扇

窗扇扇料断面与窗扇的规格尺寸和玻璃厚度有关，为了安装玻璃且又保证严密，在窗扇外侧做深度为 8～12mm 且不超过窗扇厚度的 1/3 为宜的铲口，将玻璃用小铁钉固定在窗扇上，然后用玻璃密封膏镶嵌成斜三角。

二、铝合金窗、塑钢窗的构造

铝合金窗、塑钢窗的开启方式大多采用水平推拉窗，根据特殊需要也可以上下推拉或平开，目前还有将水平推拉与平开相互转换的较复杂构造的塑钢窗，可弥补推拉窗通风面积小的不足，但造价较高。

1. 铝合金窗、塑钢窗框的安装

铝合金窗、塑钢窗框的安装一般采用塞口法施工，安装前用木楔、垫块临时固定，在窗的外侧用射钉、塑料膨胀螺钉或小膨胀螺栓固定厚度不小于 1.5mm、宽度不小于 15mm 的 Q235A 冷轧镀锌钢板（固定板）于洞口砖墙上，且不得固定在砖缝处，若为加气混凝土洞口时，则应采用木螺钉固定在胶粘圆木上；若设预埋件可采用焊接或螺栓连接。固定片离中竖框、横框的档头不小于 150mm 的距离，每边固定片至少 2 个且间距不大于 600mm，交错固定在窗所在平面两侧的墙上。窗框与洞口用与其材料相容的闭孔泡沫塑料、发泡聚苯乙烯等填塞嵌缝（不得填实），窗框安装时一定要保证窗的水平精度和垂直精度，以满足开启灵活的要求。洞口被窗分成的内、外两侧与窗框之间采用水泥砂浆或嵌缝密封膏填实抹平，窗框下方设排水孔。窗框与墙体连接如图 7-5 所示。

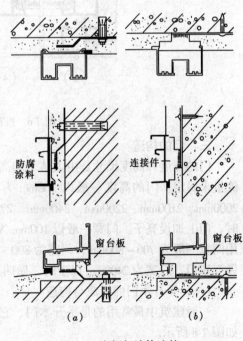

图 7-5　窗框与墙体连接

2. 铝合金窗扇

铝合金窗扇一般由组合件与内设连接件间螺丝连接，塑钢窗扇一般由组合件间焊接，焊口质量一定要保证。选用符合标准的中空玻璃、单层玻璃，玻璃尺寸应比相应的框、扇（梃）内口尺寸小 4~6mm，安装时先用硬橡胶或塑料，长度不小于 80~150mm，厚度依间隙而定（宜为 2~6mm）的垫块，然后用密封条或用玻璃胶密封固定。窗扇间、窗扇与窗框的接缝处用安装在窗扇上的密封条密封以满足保温、隔声等要求，构造如图 7-6 所示。

3. 塑钢窗扇

塑钢窗其安装构造同铝合金窗，具体构造如图 7-7 所示。

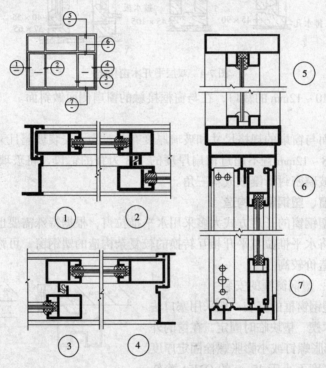

图 7-6 推拉式铝合金窗的构造

三、门的构造

门的宽度和高度尺寸是由人体平均高度、搬运物体（如家具、设备）、人流股数、人流量来确定。门的高度一般以 300mm 为模数，特殊情况可以 100mm 为模数。常见的有 2000mm、2100mm、2200mm、2400mm、2700mm、3000mm、3300mm 等。当高超过 2200mm 时，门上加设亮子。门宽一般以 100mm 为模数，当大于 1200mm 时以 300mm 为模数，辅助用门宽一般为 700~800mm，门宽为 800~1000mm 时常做单扇门，门宽为 1200~1800mm 时做双扇门；门宽为 2400mm 以上时，做四扇门。

（一）平开木门的组成与构造

一般建筑中最常用的是平开木门，它主要由门框、门扇、门亮子及五金零件等组成，如图 7-8 所示。

1. 门框

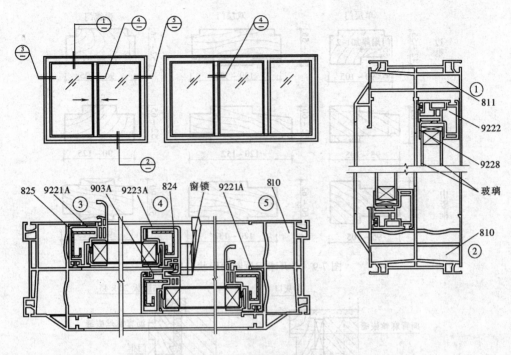

图 7-7 塑钢窗的构造

门框由上框、边框组成，当设门亮子时应加设中横框。三扇以上则加设中竖框，每扇门的宽度不超过900mm。其截面尺寸和形状取决于开启方向、裁口大小等，一般裁口深度为 10～12mm，单扇门框断面为 60mm×90mm，双扇门 60mm×100mm。其断面如图 7-9 所示。门框安装分为立口和塞口两种，其构造处理同木窗框一致，如图 7-10 所示。

2. 门扇

依门扇构造不同，民用建筑中常见的有夹板门、镶板门、拼板门等形式，也是门命名的依据。

（1）夹板门　是用方木钉成横向和纵向的密肋骨架，在骨架两面贴胶合板、硬质纤维板、塑料板等而成。为提高门的保温、隔声性能，在夹板中间填入矿物毡等，如图 7-11 所示。

（2）镶板门　是由骨架（上冒头、下冒头、中冒头、边梃），在骨架内镶入门芯板（木板、胶合板、纤维板、玻璃等）而成。木板作为门芯板通常又称为实木门。门芯板端头与骨架裁口内留一定空隙以防板吸潮膨胀鼓起，下冒头比上冒头

图 7-8 平开木门的组成

尺寸要大，主要是因为靠近地面易受潮、破损。门扇的底部要留出 5mm 空隙，以保证门的自由开启，如图 7-12 所示。

（3）拼板门　其构造类似于镶板门，只是芯板规格较厚，一般为 15～20mm，其坚固耐久、自重大，中冒头一般只设一个或不设，有时不用门框，直接用门铰链与墙上预埋件相连。

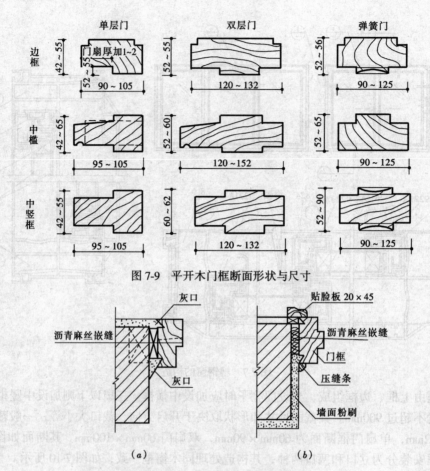

图 7-9 平开木门框断面形状与尺寸

图 7-10 门框的安装与接缝处理

(a) 墙中预埋木砖用圆钉固定；(b) 灰缝处加压缝条和贴脸板

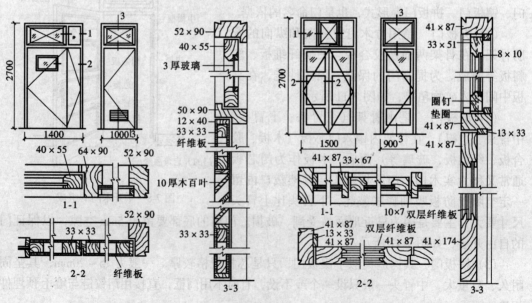

图 7-11 夹板门的构造   图 7-12 镶板门的构造

此外有时还可以用钢、木组合材料制成钢木大门，用于防盗时，可利用型钢做成门框，门扇是钢骨架外用1.5mm厚钢板，经高频焊接在门扇上，内设若干个锁点。

3.五金零件及附件

平开木门上常用五金零件有：铰链（合页）、拉手、插锁、门锁、闭门器、铁三角、门碰头等。如图7-13所示。五金零件与木门间采用木螺钉固定。

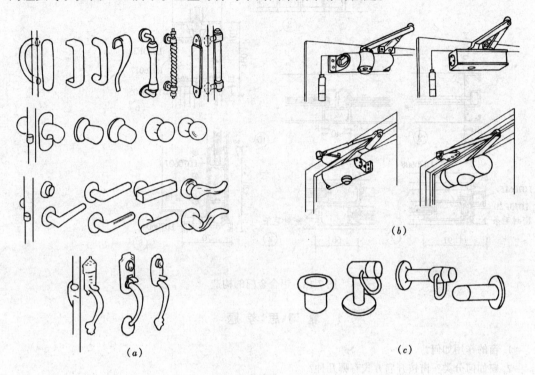

图7-13 门的五金零件

（a）门拉手和门锁；（b）闭门器；（c）门碰头

门附件主要有木质贴脸板、筒子板等。

（二）铝合金门及其构造

铝合金门的门框、门扇均用铝合金型材制作，避免了其他金属（如钢门）易锈蚀、密封性差、保温性能差的不足。为改善铝合金门的热桥散热，可采取在其内部夹泡沫塑料的新型型材。门可以采用推拉开启和平开，为了便于安装，一般先在门框外侧用螺钉固定钢质锚固件，另一侧固定在墙体四周，其构造与铝合金窗基本类似，如图7-14所示。门扇的构造及玻璃的安装同铝合金窗的构造，如图7-15所示。

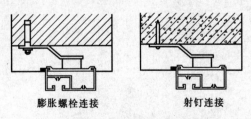

膨胀螺栓连接　　　　　　射钉连接

图7-14 门框与墙体连接构造

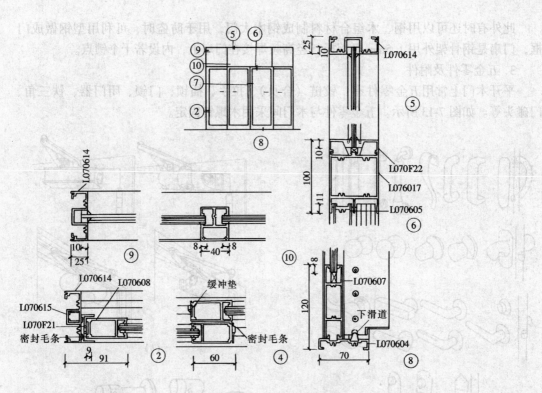

图 7-15 铝合金门的构造

复习思考题

1. 窗的作用如何？
2. 窗如何分类？窗按开启方式有哪几种？
3. 铝合金窗和塑钢窗构造要求有何区别？
4. 门的作用如何？
5. 平开木门、铝合金门的构造要求有哪些？

第八章 建筑工业化简介

第一节 概 述

一、建筑工业化的含义

建筑工业化是通过现代化的制造、运输、安装和科学管理的大工业生产方式，来代替传统的、分散的手工业生产方式。这主要意味着要尽量利用先进的技术，在保证质量的前提下，用尽可能少的工时，在比较短的时间内，用最合理的价格来建造合乎各种使用要求的建筑。

1974年联合国经济事务部对建筑工业化的含义作了如下解释，即：在建筑上应用现代工业的组织和生产方法，用机械化进行大批量生产和流水作业。

建筑工业化包含以下四点内容：

1. 设计标准化

设计标准化包括采用构件定型和房屋定型两大部分。构件定型又叫通用体系，它主要是将房屋的主要构配件按模数配套生产，从而提高构配件之间的互换性。房屋定型又叫专用体系，它主要是将各类不同的房屋进行定型，做成标准设计。

2. 构件工厂化

构件工厂化是建立完整的预制加工企业，形成施工现场的技术后方，提高建筑物的施工速度。目前建筑业的预制加工企业有混凝土预制构件厂、混凝土搅拌厂、门窗加工厂、模板工厂、钢筋加工厂等。

3. 施工机械化

施工机械化是建筑工业化的核心。施工机械应注意标准化、通用化、系列化，既注意发展大型机械，也注意发展中小型机械。

4. 管理科学化

现代工业生产的组织管理是一门科学，它包括采用图示图表法和网络法，并广泛采用电子计算机等内容。

二、建筑工业化的途径

实现建筑工业化，当前有两大途径：

1. 发展预制装配化结构

这条途径是在加工厂生产预制构件，用各种车辆将构件运到施工现场，在现场用各种机械安装。这种方法的优点是：生产效率高，构件质量好，受季节影响小，可以均衡生产。缺点是：生产基地一次性投资大，在建设量不稳定的情况下，预制厂的生产能力不能充分发挥。目前装配式建筑主要有砌块、大板、框架、盒子等建筑类型。

2. 发展全现浇及工具式模板现浇与预制相结合的体系

这条途径的承重墙、板采用大块模板、台模、滑升模板、隧道模等现场浇筑，而一些非承重构件仍采用预制方法。这种做法的优点是：所需生产基地一次性投资比装配化道路少，适应性大，节省运输费用，结构整体性好。缺点是：耗用工期比全装配方法长。这条途径包括大模板、滑升模板、隧道模、升板升层等建筑类型。

第二节　建筑工业化体系分类与类型

一、建筑工业化体系分类

建筑工业化体系是以现代化大工业生产为基础，采用先进的工业化技术和管理，从设计到建成，配套地解决全部过程的生产体系。

建筑工业化体系一般分专用体系和通用体系两种：专用体系是指能适用于某一种或几种定型化建筑使用的专用构配件和生产方式所建造的成套建筑体系。它有一定的设计专用性和技术先进性，缺少与其他体系配合的通用性和互换性。通用体系是预制构配件、配套制品和连接技术标准化、通用化，是使各类建筑所需的构配件和连接节点构造可互换通用的商品化建筑体系。

二、砌块建筑

砌块建筑是装配式建筑的初级阶段，它具有适应性强、生产工艺简单、技术效果良好、造价低等特点。砌块按其重量大小可以分为大型砌块（350kg 以上）、中型砌块（20kg 至 350kg 之间）和小型砌块（20kg 以下）。砌块应注意就地取材和采用工业废料，如粉煤灰、煤矸石、炉渣等。我国的南方和北方的广大地区均采用砌块来建造民用和工业房屋。

三、大板建筑

大板建筑是装配式建筑的主导做法。它将墙体、楼板等构件均做成预制板，在施工现场进行拼装，形成不同的建筑。大板建筑的优点在于：机械化程度高，生产效率高，工期短，劳动条件好，与砖混建筑相比房屋自重轻，在寒冷地区可以增加使用面积。但大板建筑的设计受到一定限制，如：体型宜规整不宜复杂，建筑参数（开间、进深、层高）宜少不宜多，尽量统一，纵横墙应尽量对直贯通，外墙的纵横接缝应取直对齐，各种板材的尺寸、重量要与运输工具、吊装设备相适应，并尽量缩小吊装单位的重量差。我国的大板建筑从 1958 年开始试点，1966 年开始批量发展。北方地区以北京、沈阳等地的大板住宅，南方地区以南宁的空心大板住宅效果最好。如图 8-1 所示。

四、大模板建筑

不少国家在现场施工时采用大模板。我国 1974 年起在沈阳、北京等地也逐步推广大模板建造住宅。这种做法的特点是内墙现浇，外墙采用预制板、砌块墙和浇筑混凝土。它的特点是整体性好、刚度大、抗震性能好；工艺简单、劳动强度小、施工速度快、减少了室内外抹灰工程；不需大型预制厂，施工设备投资少，是工业化建筑体系中最经济的类型。缺点是：现浇工程量大，用钢量大，模板消耗较大，施工组织较复杂，在寒冷地区冬季必须采取相应的施工防寒措施。上海市推广"一模三板"："一模"即用大模板现场浇筑内墙，"三板"是预制外墙板、轻质隔墙板、整间大楼板。如图 8-2 所示。

五、滑模建筑

滑模建筑是以滑升模板的施工方法为基础建造的建筑物。它是在混凝土工业化生产的基础上，预先将工具式模板组合好，利用墙体内特制的钢筋作导杆，以油压千斤顶作提升

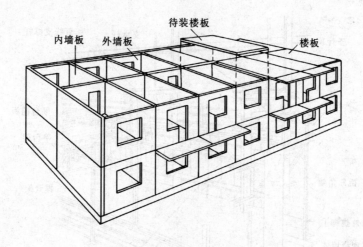

内墙板　外墙板　待装楼板　楼板

图 8-1　大板建筑示意图

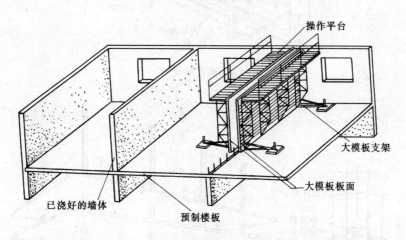

操作平台

大模板支架

大模板板面

已浇好的墙体　预制楼板

图 8-2　大模板（局部）施工示意图

动力，有间隔节奏的边浇筑混凝土边提升模板，是一种连续施工的房屋建造方法。滑模建筑的优点在于结构整体性好，机械化程度高，施工速度快，施工占地少，节约模板。缺点是墙体的垂直度不易掌握。这种方法适用于建筑平面简单，上下壁厚相同，没有凸出墙面的横线条的高层建筑物，如高层办公楼、高层住宅等。也适用于体型简单的烟囱、筒仓等构筑物。滑模示意图如图 8-3 所示。

六、升板建筑

升板建筑是先立柱子，然后在地坪上浇筑楼板、屋面板，通过特制的提升设备进行提升就位固定。其优点在于将大量的高空作业变为地面操作；施工设备简单，但机械化程度高；工序简化而工效高；模板用量少；所需的施工场地小，有利于场地受限的狭小场地和山区的房屋建设；楼层面积大，空间可以自由分隔；其四周外围结构可以做到最大限度的开放和通透。但升板建筑只适用于体型简单，层高统一，除楼梯间、卫生间等特殊部位，剖面无变化的建筑，如商场、办公楼、书库和仓库等。升板建筑示意图如图 8-4 所示。

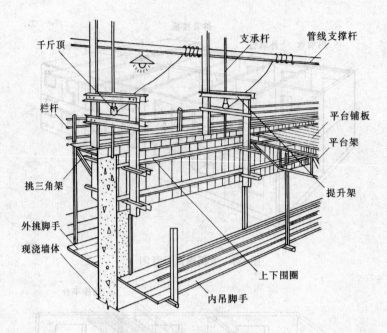

图 8-3 滑模示意图

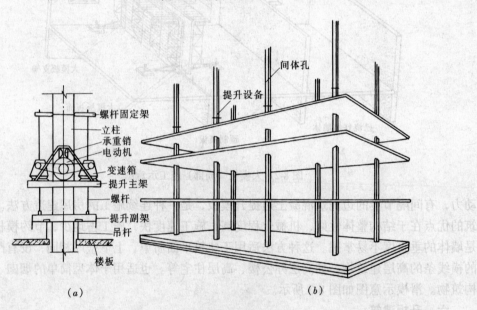

(a) (b)

图 8-4 升板建筑示意图

(a) 升板提升装置；(b) 升板建筑的楼板提升

复习思考题

1. 简述建筑工业化的含义。

2. 什么是建筑工业化体系？什么是专用体系？什么是通用体系？

3. 砌块建筑、大板建筑、大模板建筑、滑模建筑、升板建筑各有何优点和缺点？

第九章 工业建筑简介

第一节 概　述

一、工业建筑的分类

1. 按用途不同分

(1) 生产车间　工业生产中，用于加工生产主要产品、工序或部件的厂房。例如，机械制造厂铸工车间、精工车间、机械加工车间及装配车间等。

(2) 辅助生产车间　是为生产加工提供服务及相关配套支持的工业厂房。例如，机械制造厂中的机修车间、工具车间等。

(3) 动力类厂房　为生产加工提供各种能源和动力服务的厂房。如发电站、锅炉房、压缩空气站、输水泵房等设施。

(4) 运输类建筑　是指工业生产加工中为运输工具、车辆的停放，装载货物提供服务的各类建筑。如汽车库、油料库、电瓶车间。

(5) 储藏类建筑　生产中用于储存各种原料、成品或半成品的仓库、料房等用途的建筑物。

2. 按车间内部生产状况分

(1) 热加工车间　指在生产加工过程中散发出大量热量、烟尘及有害气体的车间。如钢铁厂的冶炼车间、锻造车间、电焊车间等。

(2) 冷加工车间　指在正常温度、湿度条件下进行生产的车间，如机械加工车间、装配车间。

(3) 恒温恒湿车间　指对产品加工的温度、湿度要求很高，对生产的环境条件有很高的限制的车间。如纺织厂的纺织车间、仪表厂的精密仪器车间等。

(4) 有侵蚀性介质作用的车间　指生产中受到酸、碱、盐等化学物质及侵蚀性介质作用产生重要影响的车间。如化工厂的某些生产车间、化学药剂厂的生产车间。

(5) 洁净车间　指生产加工中对生产室内空气的洁净程度要求很高的车间。如集成电路车间、精密仪表的微型零件加工车间等。

3. 按厂房的层数分

(1) 单层厂房　指只有一层的厂房形式，占工业建筑的75%左右。适宜于具有大型生产设备、震动荷载作用下或重型运输设备的生产，如冶金生产、机械制造及重型设备的组装维修等。

(2) 多层厂房　指两层及两层以上的厂房，多为2~5层。多层厂房适用于在垂直方向的生产组织、工艺流向比重较大及设备产品较轻类型的工业生产。如轻工、电子、食品、仪器仪表生产等。

(3) 混合层厂房　指同一厂房中具有不同层次高度组合在一起的厂房形式，多用于化工类建筑中。

4. 按跨度的分布及跨数分

（1）单跨厂房　指只有一个跨度的厂房。只能满足一般简单的生产加工需要，对生产的功能、工艺要求比较低，生产的工序少。

（2）多跨厂房　指由多个跨度组合在一起后形成的厂房群体，车间内部可以根据需要连成一体或分开进行组合，能够满足生产工艺复杂、对功能分区要求较高的生产。如图9-1所示。

（3）纵横相交跨厂房　指在平面布局上沿厂房的长度方向垂直排列形成的一种组合形式，主要用于一些对平面走向有特殊限定要求的工业生产。

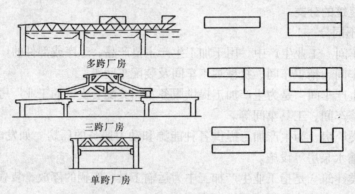

图9-1　厂房跨度及平面形式示意图

二、单层厂房的结构体系和类型

（一）厂房的结构体系

1. 排架结构

排架结构是一种应用极为广泛的结构形式。该结构是由柱子、基础、屋架（屋面大梁）构成的一种横向骨架体系。其特点是柱子与屋架（屋面大梁）为铰接，柱子与基础为刚性连接。骨架之间通过纵向联系构件（吊车梁、连系梁、圈梁、檩条、屋面板及支撑系统）构成一体，以提高厂房的纵向联系和整体性。如图9-2所示。

2. 刚架结构

这种做法是将梁、柱合并为一个构件。梁、柱之间采用刚性节点，柱子与基础之间一般为铰接点或刚性节点。如图9-3所示。

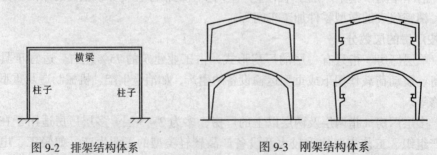

图9-2　排架结构体系　　　　　图9-3　刚架结构体系

（二）结构类型

厂房的结构类型中按材料不同分为砖石结构、钢筋混凝土结构、钢结构等。

1. 砖石结构

基础采用毛石砌筑（毛石混凝土），墙、柱采用砖砌体，屋面采用钢筋混凝土大梁（屋架）或钢屋架、轻钢组合式屋架等结构形式。这种形式的厂房具有构造简单、对施工的条件要求不高等特点。适宜于没有吊车或吊车吨位在5t以下及厂房跨度小于15m的工业厂房。

2. 预制装配式钢筋混凝土结构

厂房的承重骨架采用预应力钢筋混凝土屋架、大型屋面板、柱、杯形基础，现场预制吊装。适宜于厂房跨度较大、吊车吨位较高、地基土质复杂的情况。

3. 钢结构

厂房柱、屋架均采用钢材制作，整体焊接而成。其特点是施工速度快、抗震性能好，结构自重小，适合于震动荷载、冲击荷载作用明显的结构。

三、单层厂房内部起重运输设备

单层厂房的起重运输设备通常包括单轨电动葫芦、梁式吊车和桥式吊车等。

（一）悬挂式单轨吊车

由电动葫芦和工字钢轨道两部分组成。工字钢轨可以悬挂在屋架（屋面梁）下皮，起重 Q 为 $0.5 \sim 5t$。如图9-4所示。

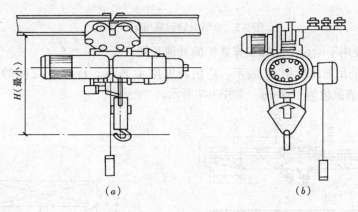

图9-4　悬挂式单轨吊车

（二）单梁电动起重吊车

它由梁架和电动葫芦组成。梁可以悬挂在屋架下皮或支承在吊车梁上。电动葫芦仍然安置在工字钢上。运送物品时，梁架沿厂房纵向移动，电动葫芦沿厂房横向移动，起重量 Q 为 $1 \sim 5t$，如图9-5所示。

（三）桥式吊车

由桥架和起重小车组成。桥架支承在吊车梁上。桥架沿厂房长度方向运行，起重小车沿厂房宽度方向运行，如图9-6所示。桥式吊车的起重量为 $5 \sim 35t$，适用 $12 \sim 36m$ 跨度的厂房。桥式吊车的吊钩有单钩、主副钩（即大小钩，表示方法是分数线上为主钩的起重量，分数线下为副钩的起重量，如50/20、100/25等）和软钩、硬钩之分。软钩为钢丝绳挂钩，硬钩为铁臂支承的钳、槽等。桥式吊车按工作的重要性及繁忙程度分为轻级、中级、重级工作制，用 J_c 来代表。J_c 表示吊车的开动时间占全部生产时间的比率。轻级工作制 $J_c = 15\%$；中级工作制 $J_c = 25\%$，主要用于机械加工和装配车间等；重级工作制

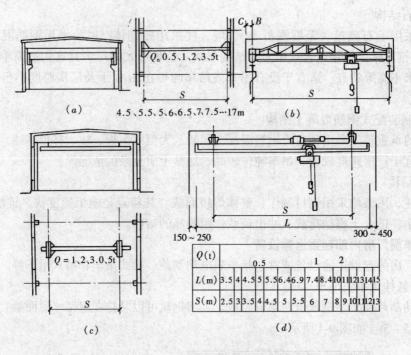

4.5、5.5、5、6、6.5、7、7.5…17m

$Q(t)$		0.5						1				2					
$L(m)$	3.5	4	4.5	5	5.5	6	4.6	9	7.4	8.4	10	11	12	13	14	15	
$S(m)$	2.5	3	3.5	4	4.5	5	5.5	6	7	8	9	10	11	12	13		

图 9-5 单梁电动起重吊车示意图

$J_c = 40\%$，主要用于冶金车间和工作繁忙的其他车间。

桥式吊车的吊车跨度用 L_k 表示。厂房跨度用 L 表示。L 与 L_k 之间的差值为 1000～2000mm，常用的数值为 1500mm。如图 9-7 所示。

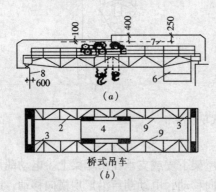

图 9-6 桥式吊车示意图

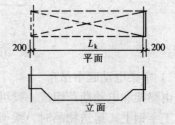

图 9-7 桥式吊车平面表示形式

四、单层工业厂房的定位轴线

（一）尺寸规定

1. 跨度

跨度指相邻两纵向定位轴线间的距离。厂房的跨度在 18m 及 18m 以下时，取 30M 数列；18m 以上时，取 60M 数列。常用的跨度为 9m、12m、15m、18m、24m、30m、36m 等。若工艺有特殊要求时，亦可采用 21m、27m、33m 的跨度。

2. 柱距

指相邻两横向定位轴线之间的距离。一般取 60M 数列。如图 9-8 所示。

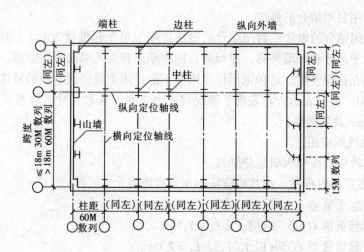

图 9-8　厂房跨度和柱距示意图

3.厂房高度

（1）不论有吊车或无吊车的厂房，自地面至柱顶的高度均取 3M 数列。如图 9-9 所示。

（2）有吊车的厂房，自地面至支承吊车梁的托座面的标志高度应为 3M 数列。

（3）在设有不同起重量吊车的多跨等高厂房中，各跨支承吊车梁的托座面高度应尽量相同。

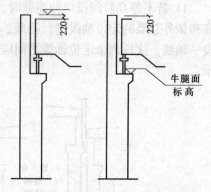

图 9-9　厂房高度示意图

（二）厂房定位轴线的确定

定位轴线是确定厂房主要承重构件相互关系及其标志尺寸的基础。正确划分定位轴线能控制各种构件的准确位置，为施工放线、设备安装提供准确的依据。

1．横向定位轴线的确定

（1）横向定位轴线，除伸缩缝处的柱子和端柱以外，均通过柱截面的几何中心。这时每一根柱子轴线都通过了由柱子基础、屋架中心线及其上部两块屋面板的搭接缝隙中心。横向定位轴线之间的标志尺寸，表明了纵向承重构件如屋面板、吊车梁、连系梁等一些构件的标志尺寸。

（2）伸缩缝处，左柱与右柱的中心线均规定与横向定位轴线的距离为 600mm。伸缩缝的中心轴线与横向定位轴线相重合。

（3）在山墙处，横向定位轴线与山墙的内缘重合。端部柱的中心线应自横向定位轴线内移 600mm。

2．纵向定位轴线的确定

（1）外纵墙处的纵向定位轴线应通过边柱外缘、屋架外缘、屋面的外缘和外墙的内缘，这时屋架用屋面板封顶，使墙、柱、屋架等合成完整而简单的构造做法。这种做法习惯称为"封闭结合"。一般适用于吊车的起重量小于或等于 30t 的厂房中。

1）中列柱的纵向定位轴线通过柱子截面的几何中心。

2）高低跨柱处的纵向定位轴线应通过高跨柱子封墙的里皮，即封墙处柱子的外皮，这种做法也采用封闭结合的做法。

(2) 非封闭结合的做法　封闭结合的做法适用于吊车起重量 30t 以上的厂房中。在构造做法上，由于边柱和外墙外移，屋面板、屋架端头和女儿墙出现了空隙，这时必须用非标准构件来填充这段空隙。这种采用标准构件不能封闭上部屋面节点的做法，叫"非封闭结合"。空隙用"ac"表示，它表现了轴线与柱边之间的联系尺寸。联系尺寸为一标准数值，常用 300mm 及其倍数。

3. 定位轴线的应用。

(1) 吊车轨中心线与纵向定位轴线。

1) 吊车在厂房内行驶，故其跨度应小于厂房跨度。

①当吊车起重量 $Q = 1 \sim 5t$ 时，$L-L_k = 1.0m$；

②当吊车起重量 $Q = 5 \sim 5t$ 时，$L-L_k = 1.5m$；

③当吊车起重量 Q 在 50t 以上时，$L-L_k = 2.0m$。

2) 厂房的定位轴线至两侧吊车梁的中心线应分别保持 500mm、750mm、1000mm 的相等距离。

(2) 高低跨柱定位轴线。

1) 若不等高跨间设向伸缩缝时，应设置双柱。高跨处封墙附于高跨柱牛腿上，这时高跨依外总墙的定位轴线进行处理，即封闭结合的处理方法。低跨部分则另沿低跨柱外缘设一轴线，这样两个定位轴线之间应加入一段尺寸，这个尺寸叫"插入距"。如图 9-10 所示。

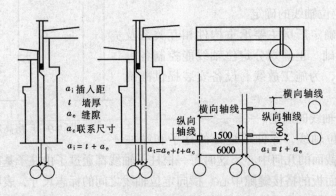

图 9-10　插入距形式

2) 高低跨处亦可采用单柱处理。其纵向伸缩缝一般采用滚动支座。滚动支座又称"滚轴支座"。它的上端通过钢板与屋架（屋面梁）进行焊接，下端通过钢板与柱头预埋焊牢。其间滚轴可以在允许的范围内滚动，起着伸缩变形的作用。如图 9-11 所示。

3) 高低跨不设伸缩缝时，做法同前述。

4. 纵横跨相交处的定位轴线

纵横跨相交处的定位轴线，可以看作两个分别为纵向跨间端柱与横向跨间的边柱。纵跨部分属于横向定位轴线，横跨部分属于纵向定位轴线，轴线间应设插入距。插入距的宽度为墙厚加缝隙（用于封闭结合时）或墙厚加缝隙，再加联系尺寸（用于非封闭结合时）。

纵横跨、高低跨的单层工业厂房平面如图 9-12 所示，其节点具体做法如图 9-13 所示。

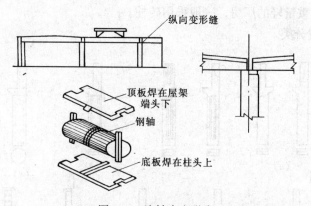

图 9-11 滚轴支座形式

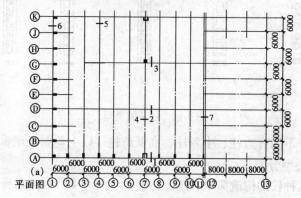

图 9-12 纵横跨、高低跨厂房平面

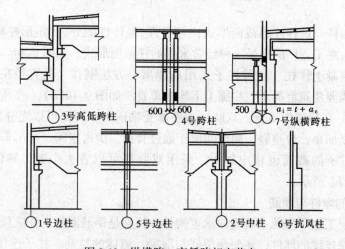

图 9-13 纵横跨、高低跨相交节点

第二节 单层工业厂房的主要结构构件

一、柱、基础及基础梁

(一) 柱的种类

单层工业厂房中的柱子，主要采用钢筋混凝土柱；跨度大、振动多的厂房，一般采用钢柱；跨度小，起重量轻的厂房，一般采用砖柱。

1. 按柱的位置分类

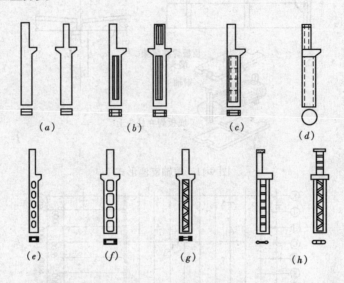

图 9-14 柱子的类型

柱按所处的位置不同有边柱、中列柱、高低跨柱（以上均属于承重柱）和抗风柱。

2. 按柱的截面类型分类

（1）矩形柱 这种柱的构造简单，施工方便，对中心受压柱或截面较小的柱子经常采用。矩形截面柱的缺点是不能充分发挥混凝土的承压能力，且自重大，消耗材料多。如图 9-14(a) 所示。

（2）工字形柱 这种柱的截面形式比较合理，整体性能好，比矩形柱减少材料 30% ~ 40%，施工简单，在工业厂房中是一种经常采用的柱截面形式。如图 9-14(b)、(c) 所示。

（3）钢筋混凝土管柱 这种柱子采用高速离心方法制作。其直径在 200 ~ 400mm 之间，牛腿部分需要浇筑混凝土，牛腿上下均为单管。如图 9-14(d)、(e) 所示。

（4）双肢柱 在荷载作用下，双肢柱主要承受轴向力，因而可以充分发挥混凝土的强度。这种柱子断面小，自重轻，两肢间便于通过管道，少占空间。在吊车吨位较大的单层工业厂房中，柱子的截面也相应加大，采用双肢柱可以省去牛腿，简化了构造。如图 9-14(f)、(g)、(h) 所示。

3. 柱身上的埋件与埋筋

柱子是单层工业厂房的主要竖向承重构件，特别是钢筋混凝土柱应预埋好与屋架、吊车梁、柱间支撑连接的埋件，还要预留好与圈梁、墙体的拉筋、柱子连接的埋筋与埋件。如图 9-15 所示。

（二）基础与基础梁

1. 基础

单层工业厂房的基础主要采用杯形独立基础。基础的底面积由计算确定。基础的剖面形状一般做成锥形或阶梯形，预留杯口以便插入预制柱。杯形基础构造如图 9-16 所示。

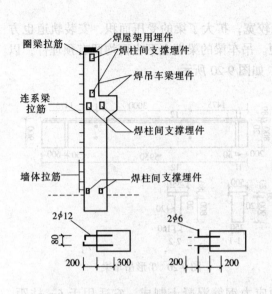

图 9-15　柱身上的埋件与埋筋

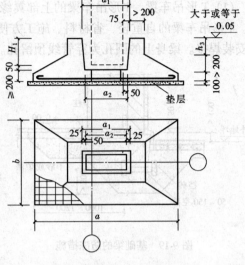

图 9-16　杯形基础构造

2. 基础梁

采用排架结构的单层工业厂房，外墙通常不再做条形基础，而是将墙砌筑在特制的基础梁上，基础梁的断面形状如图 9-17 所示。基础梁搁置在杯形基础的顶面上，成为承自重墙，这样做的好处是避免排架与砖墙的不均匀下沉。当基础埋置较深时，可将基础梁放在基础上表面加的垫块上或柱的小牛腿上，以减少墙身的砌筑量。基础梁在放置时，梁的表面应低于室内地坪 50mm，高于室外地坪 100mm，并且不单作防潮层，如图 9-18 所示。在寒冷地区的基础梁下部应设置防止土层冻胀的措施。一般做法是在梁下铺设干砂、矿渣等防冻材料。其做法如图 9-19 所示。

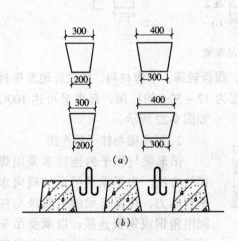

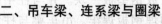

图 9-17　基础梁的断面形式

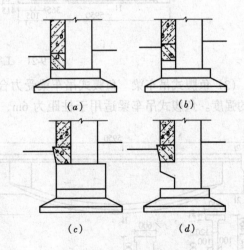

图 9-18　基础梁的搁置形式

二、吊车梁、连系梁与圈梁

（一）吊车梁

1. 吊车梁的种类

（1）T形吊车梁　T形吊车梁的上部翼缘较宽，扩大了梁的受压面积，安装轨道也方便。T形吊车梁的自重轻、省材料、施工方便。吊车梁的梁端上下表面均留有预埋件，以便安装焊接。梁身上的圆孔为穿管线预留孔。如图9-20所示。

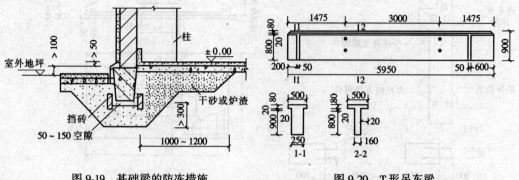

图9-19　基础梁的防冻措施

图9-20　T形吊车梁

（2）工字形吊车梁　工字形吊车梁为预应力钢筋混凝土制成，它适用于6m柱距，12～30m跨度的厂房，起重量为5～75t的重级、中级、轻级工作制。如图9-21所示。

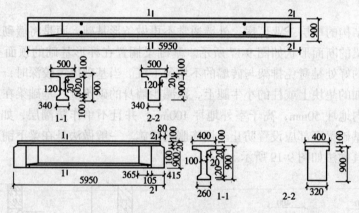

图9-21　工字形吊车梁

（3）鱼腹式吊车梁　鱼腹式吊车梁受力合理，腹板较薄，节省材料，能较好地发挥材料的强度。鱼腹式吊车梁适用于柱距为6m、跨度为12～30m的厂房，起重量可达100t，如图9-22所示。

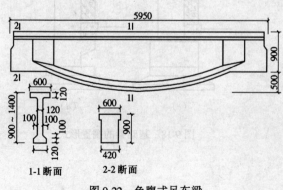

图9-22　鱼腹式吊车梁

2. 吊车梁与柱子的连接

吊车梁与柱子的连接多采用焊接的方法。为了承受吊车的横向水平刹车力，在吊车梁的上翼缘与柱间用角钢或钢板连接，以承受吊车的横向推力。吊车梁的下部在安装前应放钢垫板一块。并与柱牛腿上的预埋钢板焊牢。吊车梁与柱子空隙填以C20混凝土，以传递刹车力，如图 9-23 所示。

3.吊车轨道的安装与车挡

单层工业厂房中的吊车轨道一般采用铁路钢轨，其型号有 TG38、TG43、TG50（即 38、43、50kg/m 的钢轨）。也可以采用 QU77、QU80、QU100 型号的吊车专用钢轨。轨道与吊车梁的安装应通过垫木、橡胶垫等进行减震，如图 9-24 所示。为了防止在运行时刹车不及而撞到山墙上，应在吊车梁的末端设置车挡（止冲装置）。连接方法如图 9-25 所示。

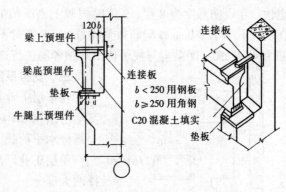

图 9-23　吊车梁与柱子的连接

（二）连系梁与圈梁

1.连系梁

连系梁是厂房纵向柱列的水平连系构件，可代替窗过梁。连系梁对增强厂房纵向刚度、传递风力有明显的作用。连系梁承受其上部的墙体重量并传给柱子。连系梁与柱子的连接如图 9-26 所示。

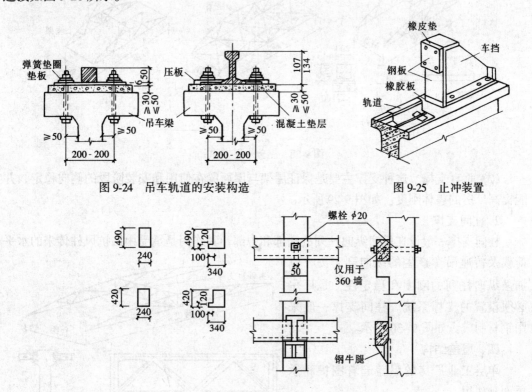

图 9-24　吊车轨道的安装构造　　　　图 9-25　止冲装置

图 9-26　连系梁构造

2.圈梁

圈梁的作用是在墙体内将墙体同厂房的排架柱、抗风柱连在一起，以加强整体刚度和稳定性。在设防烈度为 8 度、9 度时按照上密下疏的原则每 4m 左右在窗顶加一道。其断面高度应不小于 180mm，配筋数量主筋 6~8 度时不应少于 4ϕ12，9 度时不应少于 4ϕ14，箍筋为 ϕ6@250。圈梁应与柱子伸出的预埋筋进行连接如图 9-27 所示。

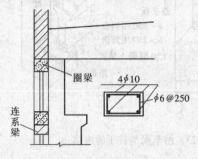

图 9-27 圈梁构造

三、支撑系统

在单层工业厂房中，支撑的主要作用是保证和提高厂房结构和构件的承载力、稳定性和刚度，并传递一部分水平荷载。

单层工业厂房的支撑系统包括屋盖支撑和柱间支撑两大部分。

1. 屋盖支撑

由水平支撑、垂直支撑及各种系杆组成。

（1）水平支撑　这种支撑布置在屋架上弦或下弦之间，沿柱距横向布置或沿跨度纵向布置。水平支撑有上弦横向水平支撑、下弦横向水平支撑、纵向水平支撑、纵向水平系杆等。如图 9-28 所示。

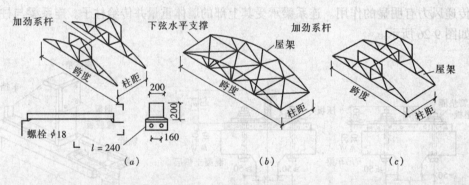

图 9-28 屋盖水平支撑

（2）垂直支撑　这种支撑主要是保证屋架与屋面梁在使用和安装阶段的侧向稳定，并能提高厂房的整体刚度。如图 9-29 所示。

2. 柱间支撑

柱间支撑一般设在厂房纵向柱列的端部和中部，其作用是承受山墙抗风柱传来的水平荷载及传递吊车产生的纵向刹车力，以加强纵向柱列的刚度和稳定性，是厂房必须设置的支撑系统。柱间支撑一般采用钢材制成。如图 9-30 所示。

四、屋盖结构

单层工业厂房的屋盖起着围护和承重两种作用。

（一）屋盖的承重体系

1. 无檩体系

将大型屋面板直接放置在屋架或屋

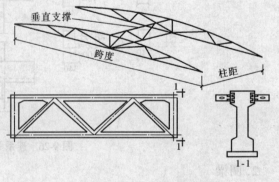

图 9-29 屋盖垂直支撑

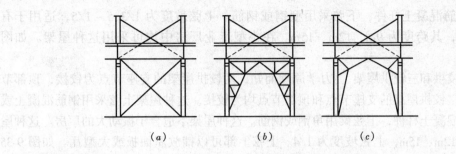

图 9-30　柱间支撑的形式

面梁上，屋架（屋面梁）放在柱子上。这种做法的整体性好，刚度大，可以保证厂房的稳定性，而且构件数量少，施工速度快。

2. 有檩体系

这种做法是将各种小型屋面板或瓦直接放在檩条上，檩条可以采用钢筋混凝土或型钢做成。檩条支承在屋架或屋面梁上。有檩体系的整体刚度较差，适用于吊车吨位小的中小型工业厂房，如图 9-31 所示。

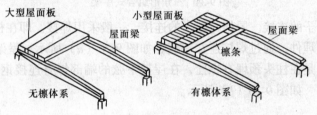

图 9-31　屋盖的承重体系

（二）承重构件的类型和构造

1. 屋架

屋架的类型很多，这里介绍几种常用的屋架。

（1）桁架式屋架　当厂房跨度较大时，采用桁架式屋架比较经济。

1）预应力钢筋混凝土折线形屋架　这种屋架的上弦杆件是由若干段折线形杆件组成。坡度分别为 1/5 和

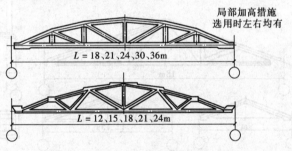

图 9-32　折线形屋架

1/15。这种屋架适用于跨度 15m、18m、21m、24m、30m、36m 的中型和重型工业厂房。如图 9-32 所示。

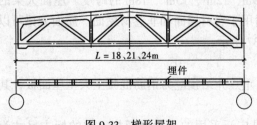

图 9-33　梯形屋架

2）钢筋混凝土梯形屋架　这种屋架的上弦杆件坡度一致，常采用 1/10～1/12，它的端部高度较高，中间更高，因而稳定性较差。一般通过支撑系统来保证稳定。这种屋架的跨度为 18m、21m、24m、30m。如图 9-33 所示。

3）三角形组合式屋架　这种屋架的

上弦采用钢筋混凝土杆件，下弦采用型钢或钢筋。上弦坡度为 1/3.5～1/5，适用于有檩屋面体系，其跨度为 9m、12m、15m。在小型工业厂房中均可采用这种屋架。如图 9-34 所示。

（2）两铰拱和三铰拱屋架　力学原理而知，两铰拱屋架的支座节点为铰接，顶部节点为刚接。三铰拱屋架的支座节点和顶部节点均为铰接。这种屋架上弦采用钢筋混凝土或预应力钢筋混凝土杆件，下弦梁用角钢或钢筋。这种屋架不适合于振动大的厂房。这种屋架的跨度为 12m、15m，上弦坡度为 1/4。上弦上部可以铺放屋面板或大型瓦。如图 9-35 所示。

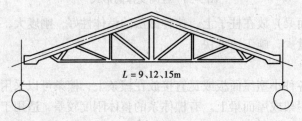

图 9-34　三角形组合式屋架

（3）屋架与柱子的连接　屋架与柱子的连接，一般采用焊接。即在柱头预埋钢板，在屋架下弦端部也有埋件，通过焊接连在一起，如图 9-36（a）所示。屋架与柱子也可以采用栓接。这种做法是在柱头预埋有螺栓，在屋架下弦的端部焊有连接钢板，吊装就位后，用螺母将屋架拧牢。如图 9-36（b）所示。

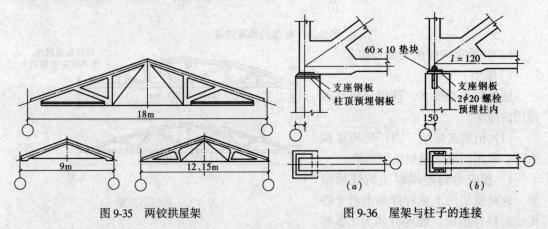

图 9-35　两铰拱屋架　　　　　图 9-36　屋架与柱子的连接

2. 屋面大梁

屋面大梁又称薄腹梁，其断面呈 T 形和工字形，有单坡和双坡之分。单坡屋面梁适用于 6m、9m、12m 的跨度，双坡屋面梁适用于 9m、12m、15m、18m 的跨度。屋面大梁的坡度比较平缓，一般统一定为 1/10～1/12，适用于卷材屋面和非卷材屋面。屋面大梁可以悬挂 5t 以下的电动葫芦和梁式吊车。如图 9-37 所示。

3. 屋面板

单层工业厂房的屋面板类型很多，这里只重点介绍预应力钢筋混凝土大型屋面板，其他只做图示。

（1）预应力钢筋混凝土大型屋面板　这是广泛采用的一种屋面板，它的标志尺寸为

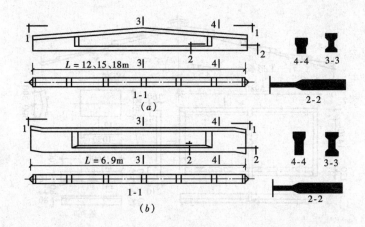

图 9-37 屋面大梁

1.5m×6.0m，适用于屋架间距 6m 的一般工业厂房。这种板呈槽形，四周有边肋，中间有三道横肋，使用时槽口向下，屋顶面平整光滑。大型屋面板的四角有预埋铁件，提供了与屋架（屋面梁）的焊接条件，如图 9-38 所示。

与大型屋面板配合使用的还有一种檐口板，主要用于单层工业厂房的外檐处。檐口板的标志尺寸也是 1.5m×6.0m，板的一侧有挑出尺寸为 300mm 和 500mm 的挑檐，如图 9-39 所示。

（2）预应力钢筋混凝土 F 形屋面板：F 形板包括 F 形板、脊瓦、盖瓦三部分，常用坡度为 1/4。如图 9-40 所示，它属于构件自防水屋面。

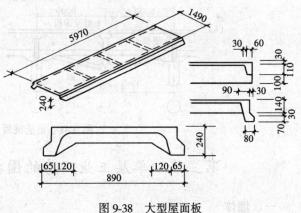

图 9-38 大型屋面板

（3）预应力钢筋混凝土单肋板　属于构件自防水屋面，其做法与 F 形板相似。

（4）钢丝网水泥单槽板　属于搭盖式防水屋面，适用于 1/3～1/5 坡度的有檩屋面上。

（5）预应力钢筋混凝土 V 形折板　它是一种轻型屋盖，属于板架合一体系。

4. 托架

因工艺要求或设备安装的需要，柱距需 12m，而屋架（屋面梁）的间距和大型屋面板长度仍为 6m 时，应加设承托屋架的托架，通过托架将屋架上的荷载传给柱子。托架一般采用钢筋混凝土制作。如图 9-41 所示。

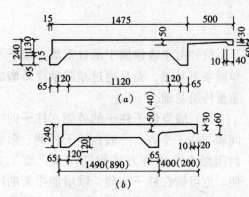

图 9-39 带挑檐大型屋面板

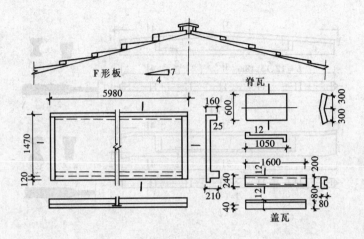

图 9-40 F 形屋面板

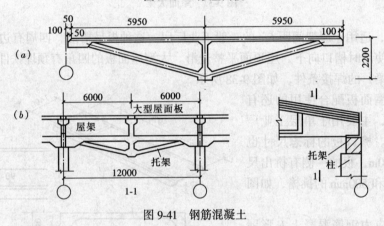

图 9-41 钢筋混凝土

第三节 单层工业厂房的围护构件及其他构造

一、墙体

单层工业厂房的墙体包括厂房外墙和内部隔断墙。单层厂房的外墙由于本身的高度和跨度都比较大，要承受自重和较大的风荷载，还要受到起重运输设备和生产设备的震动，因此，墙身必须具有足够的刚度和稳定性。

（一）砌筑式墙体

1. 墙体的位置

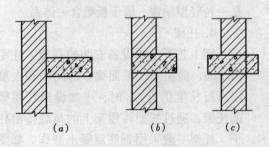

（1）由于墙体属于承自重墙，墙下不单做条形基础，而是通过基础梁将砖墙的重量传给基础。

（2）墙身位于柱子的外侧、柱子的中间和与柱子平齐。一般在柱子外侧，形成封闭结合。这种方法构造简单，施工方便。也可砌在柱子中间，以增加排架的刚度，这样做对抗震有利，如图 9-42 所示。

图 9-42 墙体与柱子的位置

2．墙体与柱子的连接

（1）墙体和柱子必须有可靠的连接。一般做法是在水平方向与柱子拉牢。《建筑抗震设计规范》（GB 50011—2001）中规定：围护墙宜采用外贴式砌筑并与柱子牢固拉紧，还应与屋面板、天沟板或檩条拉接。拉接钢筋的设置原则是：上下间距不宜大于500mm，钢筋数量为2ϕ6，伸入墙体内部不少于500mm。当采用管柱时，则应注意加强连接。墙体与柱子的连接如图9-43所示。

（2）在山墙处的墙体应与抗风柱联系。当厂房的跨度在15m以下、柱顶标高在8m以下时，可以采用砖砌抗风柱并与砖墙一起砌筑，山墙抗风构造如图9-44所示。

（二）大型板材墙

1．墙板的类型

单层工业厂房的大型墙板类型很多。按墙板的性能不同，有保温墙板和非保温墙板；按墙板本身的材料、

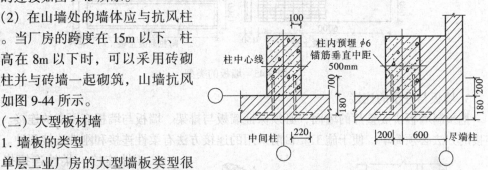

图9-43　墙体与柱子的连接构造

构造和形状的不同，有钢筋混凝土槽形板，钢丝网水泥折板，预应力钢筋混凝土板等。如图9-45所示。在很多采用墙板的单层工业厂房中采用窗框板，用以代替钢（木）带形窗框。由于板在墙面上的位置不同。如一般墙面、转角、檐口、勒脚、窗台等部位，板的形状、构造、预埋件的位置也不尽相同。

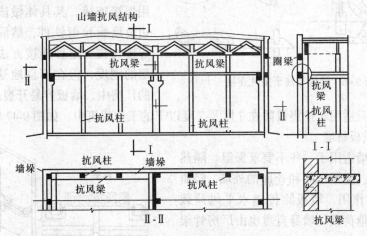

图9-44　山墙抗风构造

2．墙板的尺度

墙板基本长度，应与柱距一致，常用值为6m。此外，用于山墙和为了适用9m、15m、21m、27m跨度的要求，增加了4.5m和7.5m两种板长，以满足各种跨度的组装需要。板的高度一般应以1200mm为主。为适用开窗尺寸和窗台的需要，还可以配合900mm、1500mm的板型，供调剂使用。板的厚度按1/10M进级，常用厚度为1500～200mm，但应注意满足保温要求。

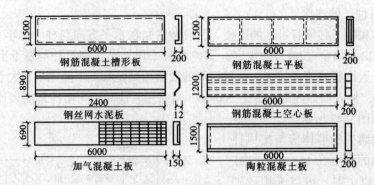

图 9-45　墙板的类型

3.墙板与柱子的连接

把预制墙板拼成整片的墙面，必须保证墙板与排架、墙板与墙板有可靠的连接。要求连接的方法必须简单，便于施工。目前采用的连接方法有柔性连接和刚性连接两种。

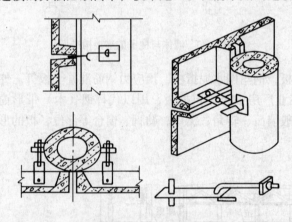

图 9-46　墙板与柱子柔性连接

（1）柔性连接　柔性连接指的是用螺栓连接。也可以在墙板外侧加压条，再用螺栓与柱子压紧压牢。这种连接方法对地基的不均匀下沉或有较大震动的厂房比较适宜，如图 9-46 所示。

（2）刚性连接　刚性连接指的是用焊接连接。其具体做法是在柱子侧边及墙板预留铁件，然后用型钢进行焊接连接。这种连接方法可以增加厂房的刚度，但在不良地基或震动较大的厂房中，墙板容易开裂。

这种做法只适用于抗震设防在 7 度及 7 度以下的工业建筑中，如图 9-47 所示。

（三）轻质板材墙

轻质板材墙适用于一些不要求保温、隔热的热加工车间、防爆车间和仓库的外墙。轻质墙板只起围护作用，墙板除传递水平风荷载外，不承受其他荷载。墙身自重也由厂房骨架来承担。

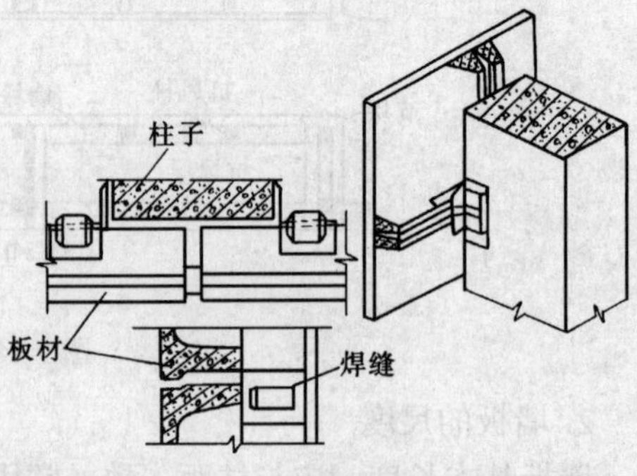

（四）敞式外墙

在我国南方地区的热加工车间及某些化工车间，为了迅速排烟、散气、除尘，一般采用开敞式外墙或半开敞式外墙。

图 9-47　墙板与柱子刚性连接

二、侧窗

（一）侧窗的特点

（1）侧窗的面积大。一般以吊车梁为界，其上叫高侧窗，其下低侧窗。

（2）侧窗多采用组合式，由基本窗扇、基本窗框、组合窗三部分组成。

（3）侧窗除接近工作面的部分采用平开式外，其余均采用中悬式。

（二）侧窗的尺寸

单层工业厂房的尺寸一般应符合模数。洞口的宽度一般在 900～6000mm 之间，当洞口宽度在 2400mm 以内时，取 300mm 的模数进级；洞口宽度在 2400mm 以上时，取 600mm 的模数进级。洞口的高度一般在 900～4800mm 之间，当洞口高度在 1200～4800mm 时，用 600mm 的模数进级。

（三）侧窗的类型

1. 木侧窗

除在人的正常高度内采用平开窗外，其余部分均采用中悬窗。中悬窗有靠框式和进框式两种做法，如图 9-48 所示。

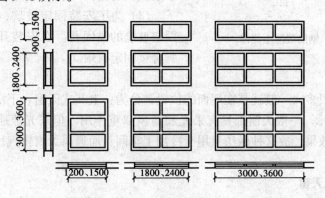

图 9-48　木侧窗

2. 钢侧窗

按开启形式的不同，可以分为固定窗、中悬窗、平开窗等。钢窗窗框四边均安装有连接铁件，铁脚为 4mm×18mm、长度为 100mm 左右的钢板冲压成型，并用 C20 混凝土灌牢。如图 9-49 所示。

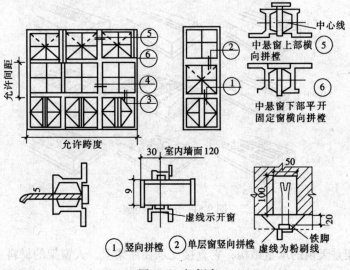

图 9-49　钢侧窗

3.钢筋混凝土侧窗

(1) 钢筋混凝土侧窗一般采用 C30 半干硬性细石混凝土、内配低碳冷拔钢丝点焊骨架捣制而成。它适用于一般工业厂房。钢筋混凝土侧窗形式如图 9-50 所示。

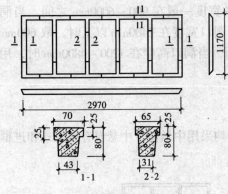

图 9-50　钢筋混凝土侧窗

(2) 窗洞口宽度尺寸有 1800mm、2400mm、3000mm，高度尺寸有 1200mm、1800mm 两种。窗框四角及上下横框间预埋件焊上角钢，并在窗洞口周边相应的位置上预留孔洞，将螺栓一端插入孔洞，用 1:2 水泥砂浆灌孔，另一端与角钢螺栓连接。

(3) 窗框与洞口之间的缝隙应用 1:2 水泥砂浆填实勾缝。

(4) 为了安装固定玻璃，应在窗框上预留固定玻璃的锚固孔。在安装开启窗格内，用长脚合页固定窗扇。

三、天窗

天窗的类型很多，一般就其在屋面的位置常分为：上凸式天窗，下沉式天窗，平天窗等，如图 9-51 所示。一般天窗都具有采光和通风双重作用。但采光兼通风的天窗，一般很难保证排气的效果，故这种做法只用于冷加工车间；而通风天窗排气稳定，故只应用于热加工车间。

(一)上凸式天窗

上凸式天窗是我国单层工业厂房采用最多的一种。常见的有矩形天窗、三角形天窗、M 形天窗等；它沿厂房纵向布置均较好。下面以矩形天窗为例，介绍上凸式天窗的构造。

矩形天窗由天窗架、天窗屋面、天窗壁端、天窗侧板和天窗扇组成，如图 9-52 所示。

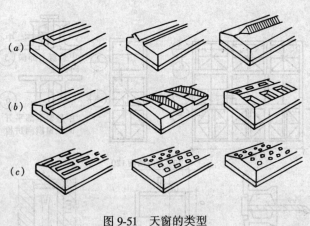

图 9-51　天窗的类型

1.天窗架

(1) 天窗架是天窗的承重结构，它直接支承在屋架上。天窗架的材料一般与屋架、屋面梁的材料一致。天窗架的宽度约占屋架、屋面梁跨度的 1/3～1/2，同时也要照顾屋面板的尺寸。天窗扇的高度为天窗架宽度的 0.3～0.5 倍。

（2）矩形天窗的天窗架通常用 2～3 个三角形支架拼装而成，如图 9-53 所示。

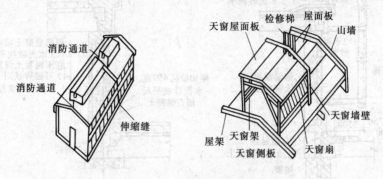

图 9-52　矩形天窗的组成

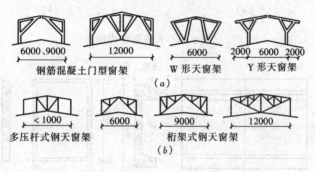

图 9-53　矩形天窗的天窗架

2. 天窗端壁

（1）天窗端壁又叫天窗山墙，它不仅使天窗尽端封闭起来，同时也支承天窗上部的屋面板。它也是一种承重构件。

（2）天窗端壁是由预制的钢筋混凝土肋形板组成。当天窗架跨度为 6m 时，用两个端壁板拼接而成；天窗架跨度为 9m 时，用三个端壁板拼接而成。

（3）天窗端壁也采用焊接的方法与屋顶的承重结构焊接。其做法是天窗端壁的支柱下端预埋铁板与屋架的预埋铁板焊在一起，端壁肋形板之间用螺栓连接。

（4）天窗端壁的肋间应填入保温材料，常用块材填充。一般采用加气混凝土块，表面用铅丝拴牢，再用砂浆抹平，如图 9-54 所示。

3. 天窗侧板

（1）天窗侧板是天窗窗扇下的围护结构，相当于侧窗的窗台部分，其作用是防止雨水溅入室内。

（2）天窗侧板可以做成槽形板式，其高度由天窗架的尺寸确定，一般为 400～600mm，但应注意，高出屋面为 300mm。侧板长为 6m。槽形板内应填充保温材料，并将屋面上的卷材用木条加以固定，如图 9-55 所示。

4. 天窗窗扇

天窗窗扇可以采用钢窗扇或木窗扇。钢窗扇一般为上悬式；木窗扇一般为中悬式。

（1）上悬式钢窗扇　这种窗扇防飘雨较好，最大开启角度为 45°，窗高有 900mm、

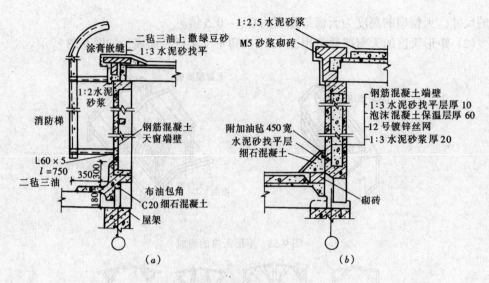

图 9-54　天窗端壁构造

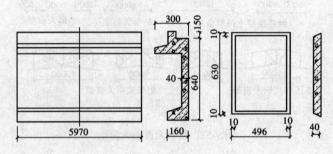

图 9-55　天窗侧板

1200mm、1500mm 三种。上悬式钢窗扇构造如图 9-56 所示。

　　(2) 中悬式木窗扇　窗扇高有 1200mm、1800mm、2400mm、3000mm 四种规格，一般应用的较少。

　　5. 天窗屋面

　　天窗屋面与厂房屋面系相同，檐口部分采用无组织排水，把雨水直接排在厂房屋面上。檐口挑出尺寸为 300～500mm。在多雨地区可以采用在山墙部位做檐沟，形成有组织的内排水。

　　6. 天窗挡风板

　　(1) 天窗挡风板主要用于热加工车间。有挡风板的天窗叫避风天窗。

　　(2) 矩形天窗的挡风板不宜高过天窗檐口的高度。挡风板与屋面之间应留出 50～100mm 的空隙，以利于排水又使风不容易倒灌。

　　(3) 挡风板的立柱焊在屋架上弦上，并用支撑与屋架焊接。挡风板采用石棉板，并用特制的螺钉将石棉板拧于立柱的水平檩条上。

　　(二) 下沉式天窗

　　常见的有横向下沉式、纵向下沉式及井式天窗等；这里着重介绍天井式天窗的做法。

　　1. 布置方法

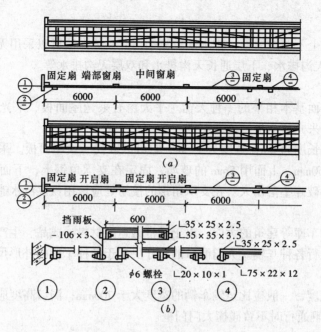

图 9-56　上悬式钢窗扇

(a) 通长窗扇；(b) 分段窗扇

天井式天窗布置比较灵活，可以沿屋面的一侧、两侧或居中布置。热加工车间可以采用两侧布置。这种做法容易解决排水问题。在冷加工车间对上述几种布置方式均可采用。如图 9-57 所示。

2.井底板的铺设

(1) 天井式天窗的井底板位于屋架上弦，搁置方法有横向铺放与纵向铺放两种。

(2) 横向铺放是井底板平行于屋架摆放。铺板前应先在屋架下弦上搁置檩条，并应有一定的排水坡度。若采用标准屋面板时，其最大长度为 6m。

(3) 纵向铺放是把井底板直接放在

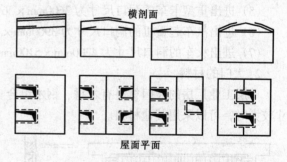

图 9-57　井式天窗的布置

屋架下弦上，可省去檩条，增加天窗垂直口净高度。但屋面有时受到屋架下弦节点的影响，故采用非标准板较好。

3.挡雨措施

(1) 井式天窗通风口常不设窗扇，做成开敞式。为防止屋面雨水落入天窗内，敞开的口部应设挑檐，并设挡风雨板，以防雨水飘落室内。

(2) 井上口挑檐，由相邻屋面直接挑出悬臂板，挑臂板的长度不宜过大。井上口应设挡雨片，在井上口先铺设空格板，挡雨片固定在空格板上。

4.窗扇

窗扇可以设在井口处或垂直口外，垂直口一般设在厂房的垂直方向，可以安装上悬或中悬窗扇，但窗扇的形式不是矩形，而应随屋架的坡度而变，一般呈平行四边形。

5. 排水设施

天井式天窗有上下两层屋面，排水比较复杂。其具体做法可以采用无组织排水（在边跨时）、上层通长天沟排水、下层通长天沟排水和双层天沟排水等。

（三）平天窗

平天窗是与屋面基本相平的一种天窗。平天窗有采光屋面板、采光罩、采光带等做法。下面介绍一种采光屋面板的构造实例。

采光屋面板的长度为 6m，宽度为 1.5m，它可以取代一块屋面板。采光屋面板应比屋面稍高，常做成 450mm，上面用 5mm 的玻璃，固定在支承角钢上，下面有铅丝网作为保护措施，以防玻璃破碎坠落伤人。在支承角钢的接纺处应该用铁皮泛水遮挡。

四、大门

厂房、仓库和车库等建筑的大门，由于经常搬运原材料、成品、生产设备及进出车辆等原因，需要能通行各种车辆。大门洞口的尺寸决定于各种车辆的外形尺寸和所运输物品的大小。

大门洞口的宽度，一般应比运输车辆的宽度大于 700mm；洞口高度应比车体高度高出 200mm，以保证车辆通行时不致碰撞大门门框。

1. 大门洞口的尺寸

（1）进出 3t 矿车的洞口尺寸为 2100mm × 2100mm；

（2）进出电瓶车的洞口尺寸为 2100mm × 2400mm；

（3）进出轻型卡车的洞口尺寸为 3000mm × 2700mm；

（4）进出中型卡车的洞口尺寸为 3300mm × 3000mm；

（5）进出重型卡车的洞口尺寸为 3600mm × 3600mm；

（6）进出汽车起重机的洞口尺寸为 3900mm × 4200mm；

（7）进出火车的洞口尺寸为 4200mm × 5100mm、4500mm × 5400mm。

2. 大门的材料

单层工业厂房的大门材料有木材、钢木组合、普通型钢与空腹薄壁钢等几种，门宽尺寸较大时，可以采用其他材料。

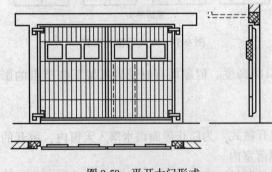

图 9-58　平开大门形式

3. 大门类型

（1）平开门　平开门的洞口尺寸一般不大于 3600mm × 3600mm，当一般门的面积大于 5m² 时，宜采用钢木组合门。门框一般采用钢筋混凝土制成。大门形式如图 9-58 所示。

（2）推拉门　推拉门由门扇、门轨、地槽、滑轮和门框组成。门扇有钢板门扇、空腹薄壁钢木门扇等。

（3）空腹薄壁钢折叠门　这种门的上下均装有滑轮铰链，门洞上下导轨的水平位置应与墙面成一定的角度，使门扇开启后能全部折叠平行于墙面。

五、地面

厂房地面一般由面层、垫层和基层组成。当面层材料为块状材料或构造上有特殊要求时，还要增加结合层、隔离层、找平层等。

1. 面层

它是地面最上的表面层。它直接承受作用于地面上的各种外来因素的影响，如：碾压、摩擦、冲击、高温、冷冻、酸碱等；面层还必须满足生产工艺的特殊要求。

2. 垫层

垫层是处于面层下部的结合层。它的作用是承受面层传来的荷载，并将这些荷载分布到基层上去。垫层可以分为刚性材料（如混凝土、碎砖三合土等）和柔性材料（如砂、碎石、炉渣等）。

3. 基层

基层是地面的最下层，是经过处理的地基上，通常是素土夯实。

4. 结合层

结合层是连结块状材料的中间层，它主要起结合作用。

5. 找平层

找平层主要起找平、过渡作用。一般采用的材料是水泥砂浆或混凝土。

6. 隔离层

隔离层是为了防止有害液体在地面结构中渗透扩散或地下水由下向上的影响而设置的构造层。隔离层的设置及其方案的选择，取决于地基土的情况与工厂生产的特点。常用的隔离层有石油沥青油毡、热沥青等。

六、坡道、散水、明沟

1. 坡道

坡道的坡度常取 10% ~ 15%。若室内外高差为 150mm，坡道长度可取 1000 ~ 1500mm，坡道的宽度应比大门宽出 600 ~ 1000mm 为宜。坡道与墙体交接处应留出 10mm 的缝隙。

2. 散水

散水的宽度应根据土壤性质、气候条件、建筑物的高度和屋面排水形式而定，一般为 600 ~ 1000mm。采用无组织排水时，散水的宽度可按檐口线放出 200mm。散水的坡度为 3% ~ 5%。当散水采用混凝土时，宜按 30m 间距设置伸缩缝。散水与外墙之间宜设缝，缝宽可为 20 ~ 30mm，缝内应填沥青类材料。

3. 明沟

在我国南方多雨地区常采用明沟做法。明沟的宽度应不小于 200mm，排水坡度为 1%。

复 习 思 考 题

1. 工业厂房有哪些分类方法？
2. 单层厂房有哪些构件组成？
3. 说明厂房柱子的构造特点有哪些。
4. 简述基础与基础梁的构造特点。
5. 说明排架结构与刚架结构的区别。
6. 厂房屋盖形式中，有檩体系与无檩体系的各自特点有哪些？

7. 常见的大型屋架与屋面大梁有哪几种? 它们与柱子如何连接?

8. 吊车梁的种类与连接方法有哪些?

9. 单层厂房的支撑系统有系统有哪些?

10. 试分析单厂墙体构造中, 墙与柱子的位置形式。

11. 板材墙与柱子的连接方法有哪些?

12. 天窗有几种形式?

13. 矩形天窗的构件组成有哪些?